每时每课 给你新机会

互联网 UI 设计师

北京课工场教育科技有限公司　编著

移动端 UI 设计及规范

——分分钟搞定 App UI 设计

内 容 提 要

随着移动互联网的到来，各大行业、各类企业都掀起了设计开发移动端App的热潮，如何从平面UI设计师快速转型为移动端UI设计师？本书针对具有Photoshop基础的人群，采用案例或任务驱动的方式，详细介绍了移动端UI设计的流程、Android与iOS移动端平台的设计规范、设计扁平化/长阴影/拟物化等各种风格移动应用图标、购物类/天气类/教育类Android和iOS版本App界面的方法，带领大家尝试独立进行创意设计，最后综合应用完成项目——休闲娱乐类App设计，为大家从事移动端UI设计工作打下良好的设计功底。

相对市面上的同类教材，本套教材最大的特色是，提供各种配套的学习资源和支持服务，包括：视频教程、案例素材下载、学习交流社区、作业提交批改系统、QQ群讨论组等，请访问课工场UI/UE学院：kgc.cn/uiue。

图书在版编目（CIP）数据

移动端UI设计及规范 ：分分钟搞定App UI设计 / 北京课工场教育科技有限公司编著. -- 北京 ：中国水利水电出版社，2016.4（2022.8重印）
（互联网UI设计师）
ISBN 978-7-5170-4210-5

Ⅰ. ①移… Ⅱ. ①北… Ⅲ. ①移动终端－应用程序－程序设计 Ⅳ. ①TN929.53

中国版本图书馆CIP数据核字（2016）第061534号

策划编辑：祝智敏　　责任编辑：张玉玲　　封面设计：梁　燕

书　　名	互联网UI设计师 移动端UI设计及规范——分分钟搞定App UI设计
作　　者	北京课工场教育科技有限公司　编著
出版发行	中国水利水电出版社 （北京市海淀区玉渊潭南路1号D座 100038） 网址：www.waterpub.com.cn E-mail：mchannel@263.net（万水） sales@mwr.gov.cn 电话：（010）68545888（营销中心）、82562819（万水）
经　　售	北京科水图书销售有限公司 电话：（010）68545874、63202643 全国各地新华书店和相关出版物销售网点
排　　版	北京万水电子信息有限公司
印　　刷	雅迪云印（天津）科技有限公司
规　　格	184mm×260mm　16开本　12印张　260千字
版　　次	2016年4月第1版　2022年8月第5次印刷
印　　数	12001—14000册
定　　价	48.00元

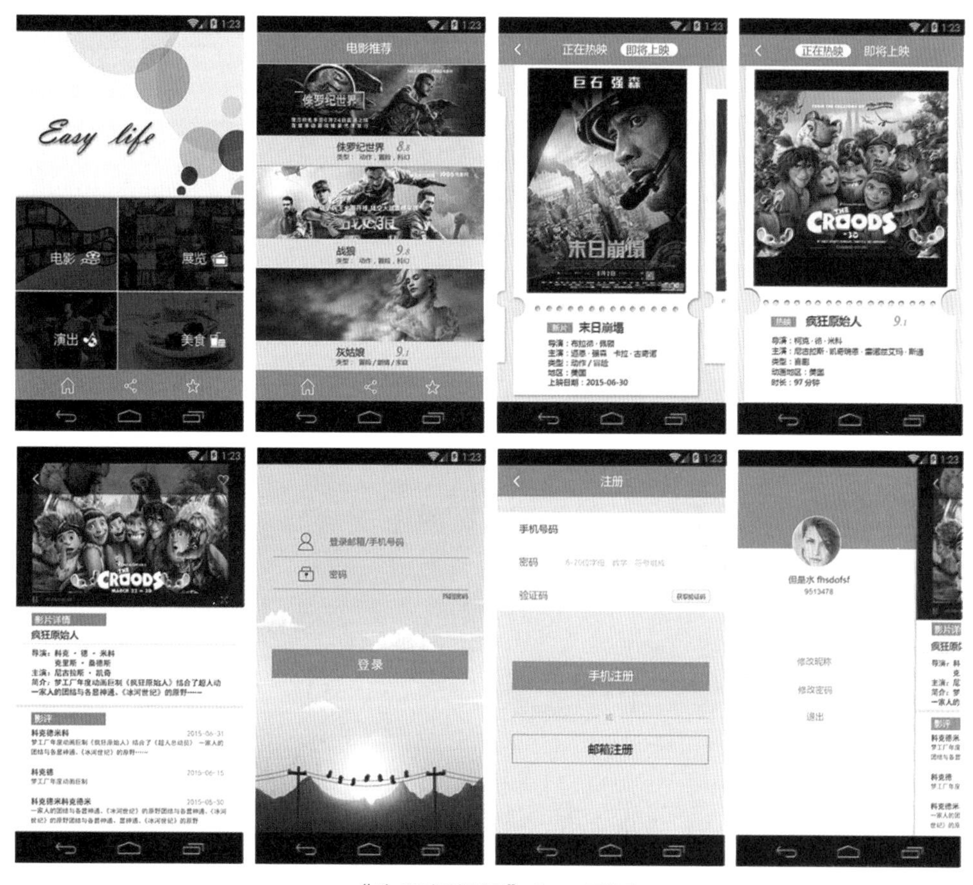

“生活帮帮帮”App界面

360安全卫士PC端界面和移动端界面

案例欣赏

iOS 6 与 iOS 7 系统图标

iOS界面的演变发展

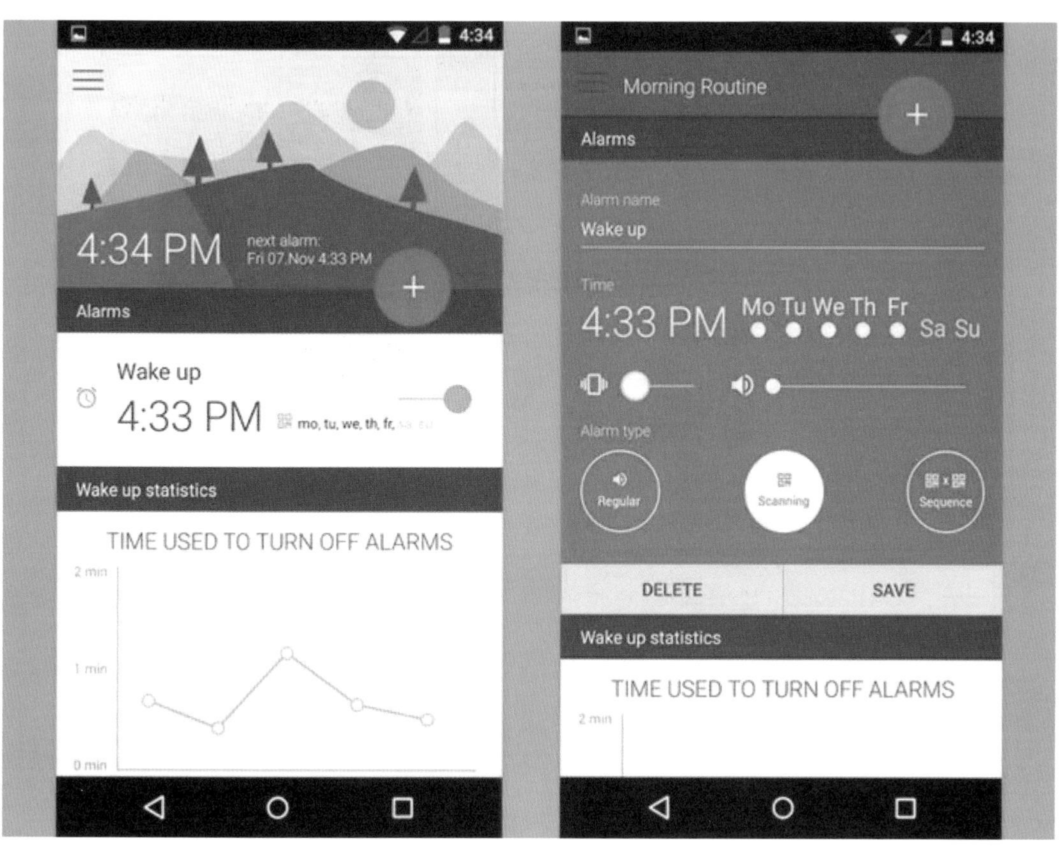

Android 5.0界面设计

抽屉邮件

分类说明

案例欣赏

各类应用UI界面

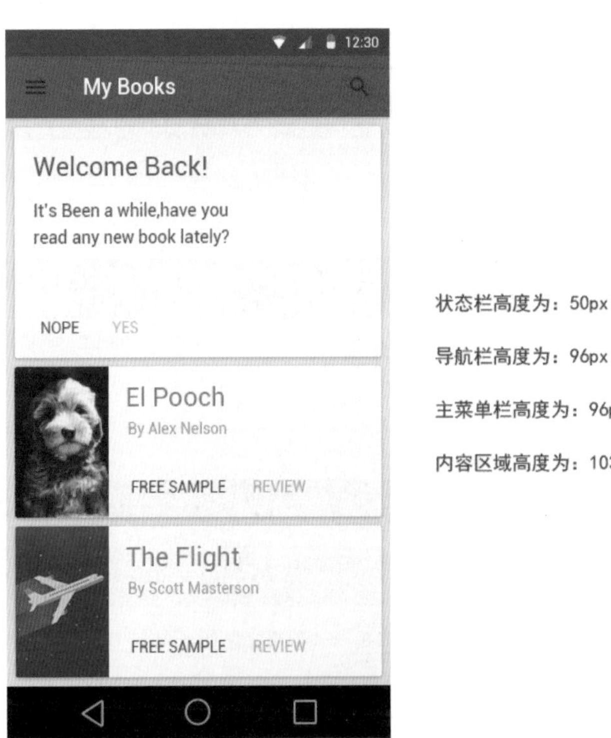

状态栏高度为：50px

导航栏高度为：96px

主菜单栏高度为：96px

内容区域高度为：1038px（1280-50-96-96=1038）

界面组成元素尺寸

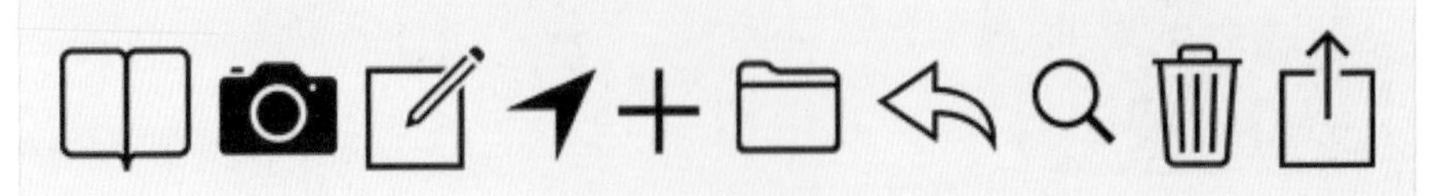

栏图标

案例欣赏

启动图标

轻折叠图标

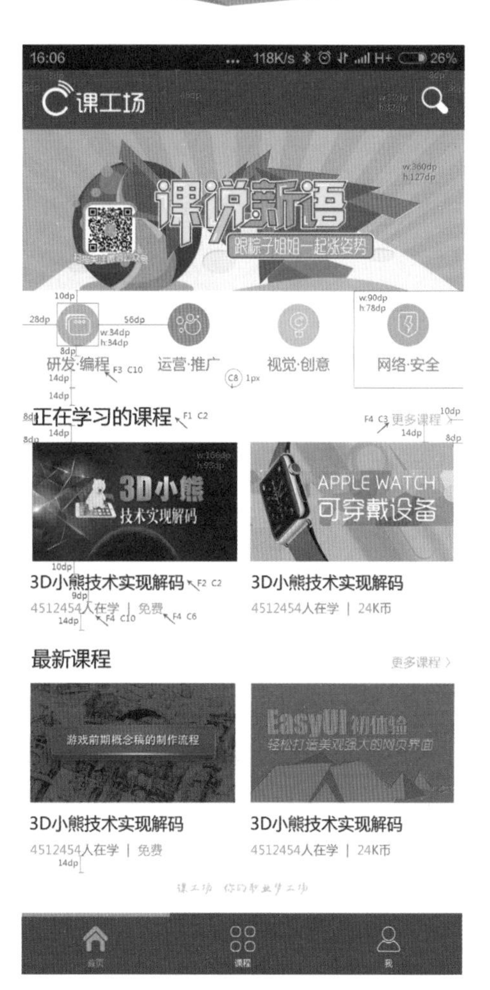

首页

照相机

日历

案例欣赏

应用图标和界面

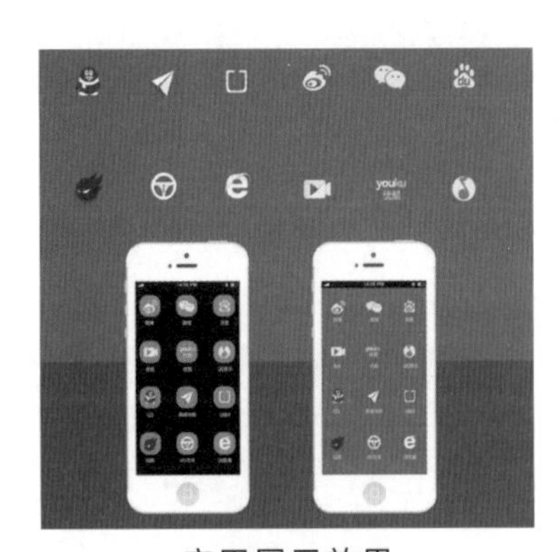

应用展示效果

轻质感图标

邮箱界面

互联网UI设计师系列

编 委 会

前言

随着移动互联技术的飞速发展，“互联网+”时代已经悄然到来，这自然催生了各行业、企业对UI设计人才的大量需求。与传统美工、设计人员相比，新“互联网+”时代对UI设计师提出了更高的要求，传统美工、设计人员已无法胜任。在这样的大环境下，这套“互联网UI设计师”系列教材应运而生，它旨在帮助读者朋友快速成长为符合“互联网+”时代企业需求的优秀UI设计师。

这套教材是由课工场（kgc.cn）的UI/UE教研团队研发的。课工场是北大青鸟集团下属企业北京课工场教育科技有限公司推出的互联网教育平台，专注于互联网企业各岗位人才的培养。平台汇聚了数百位来自知名培训机构、高校的顶级名师和互联网企业的行业专家，面向大学生以及需要“充电”的在职人员，针对与互联网相关的产品、设计、开发、运维、推广和运营等岗位，提供在线的直播和录播课程，并通过遍及全国的几十家线下服务中心提供现场面授以及多种形式的教学服务，且同步研发出版最新的课程教材。

课工场为培养互联网UI设计人才设立了UI/UE设计学院及线下服务中心，提供各种学习资源和支持，包括：

- 现场面授课程
- 在线直播课程
- 录播视频课程
- 案例素材下载
- 学习交流社区
- 作业提交批改系统

扫一扫 关注课工场公众号
关注微信 立送20K币
可购买收费课程

课工场APP客户端下载
产品/设计/开发/运维/运营
随时随地随心学

- QQ讨论组（技术、就业、生活）

以上所有资源请访问课工场UI/UE学院：kgc.cn/uiue。

■ 本套教材特点

（1）课程高端、实用——拒绝培养传统美工。

- 培养符合“互联网+”时代需求的高端UI设计人才，包括移动UI设计师、网页UI设计师、平面UI设计师。
- 除UI设计师所必须具备的技能外，本课程还涵盖网络营销推广内容，包括：网络营销基本常识、符合SEO标准的网站设计、Landing Page设计优化、营销型企业网站设计等。
- 注重培养产品意识和用户体验意识，包括电商网站设计、店铺设计、用户体验、交互设计等。
- 学习W3C相关标准和设计规范，包括HTML5/CSS3、移动端Android/iOS相关设计规范等内容。

（2）真实商业项目驱动——行业知识、专业设计一个也不能少。

- 与知名4A公司合作，设计开发项目课程。
- 几十个实训项目，涵盖电商、金融、教育、旅游、游戏等行业。
- 不仅注重商业项目实训的流程和规范，还传递行业知识和业务需求。

（3）更时尚的二维码学习体验——传统纸质教材学习方式的革命。

- 每章提供二维码扫描，可以直接观看相关视频讲解和案例效果。
- 课工场UI/UE学院（kgc.cn）开辟教材配套版块，提供素材下载、学习社区等丰富的在线学习资源。

■ 读者对象

（1）初学者：本套教材将帮助你快速进入互联网UI设计行业，从零开始，逐步成长为专业UI设计师。

（2）设计师：本套教材将带你进行全面、系统的互联网UI设计学习，传递最全面、科学的设计理论，提供实用的设计技巧和项目经验，帮助你向互联网方向迅速转型，拓宽设计业务范围。

课工场出品（kgc.cn）

课程设计说明

本课程目标

本书将理论知识与操作案例相结合，向学员讲解图标、界面的制作方法和技巧。

学员学完本书后，能够掌握不同风格图标和界面的设计规范和设计手法，并能按照企业需求熟练地运用Photoshop软件对界面效果图进行标注。

训练技能

- 了解图标和界面的制作流程、布局方法及不同方法的差异，学会使用Photoshop软件设计制作出精美的效果。
- 了解不同风格图标的特点及设计原理。
- 运用Photoshop软件对界面效果图进行标注。

本课程设计思路

本课程共12章，分为扁平化图标和拟物化图标的理论知识及绘制方法、Android系统App界面和iOS系统App界面的设计规范与绘制方法、休闲娱乐类App设计。具体内容安排如下：

- 第1章：设计常识部分，使读者了解移动端App图标的基本概念及设计方法。
- 第2章至第7章：主要讲解扁平化和拟物化App图标的特点与设计方法。
- 第8章至第11章：使读者学会Android系统和iOS系统App界面的制作方法，并能按照企业需求熟练地运用Photoshop软件对界面效果图进行标注。
- 第12章：通过休闲娱乐类App设计项目对之前学过的知识点进行综合运用，达到复习和提高实际设计能力的目的。

教材章节导读

- 本章目标：本章学习的目标，可以作为检验学习效果的标准。
- 本章简介：学习本章内容的原因和对本章内容的简介。
- 项目需求：针对本章项目的需求描述。
- 相关理论：针对本章项目涉及的相关行业技能的理论分析和讲解。
- 实战案例：包含多个上机实战案例，训练学员操作的熟练度和规范度。
- 本章总结：针对本章内容或相关设计技巧的概括和总结。
- 本章作业：包含选择题、简答题。

教学资源

- 学习交流社区
- 案例素材下载
- 作业讨论区
- 相关视频教程
- 学习讨论群（搜索QQ群：课工场-UI/UE设计群）

详见课工场UI/UE学院：kgc.cn/uiue（教材版块）。

关于引用作品的版权声明

为了方便学校课堂教学，促进知识传播，使学员学习优秀作品，本教材选用了一些知名网站、公司企业的相关内容，包括：企业Logo、宣传图片、手机App设计、网站设计等。为了尊重这些内容所有者的权利，特在此声明，凡在本教材中涉及的版权、著作权、商标权等权益均属于原作品版权人、著作权人、商品权人。

为了维护原作品相关权益人的权益，现对本教材中选用的主要作品和出处给予说明（排名不分先后）：

序号	选用的网站、作品、手机App或Logo	版权归属
1	Adobe公司软件界面	Adobe公司
2	苹果Logo、手机App图标	苹果公司
3	安卓Logo、手机App图标	Google公司
4	Google网部分图片	Google网
5	360安全卫士界面	奇虎360科技有限公司
6	课工场Logo、界面	课工场

由于篇幅有限，以上列表中可能并未全部列出所选用的作品。在此，衷心感谢所有原作品的相关版权权益人及所属公司对职业教育的大力支持！

2016年3月

目录

第 2 章 27 扁平化图标——长阴影风格

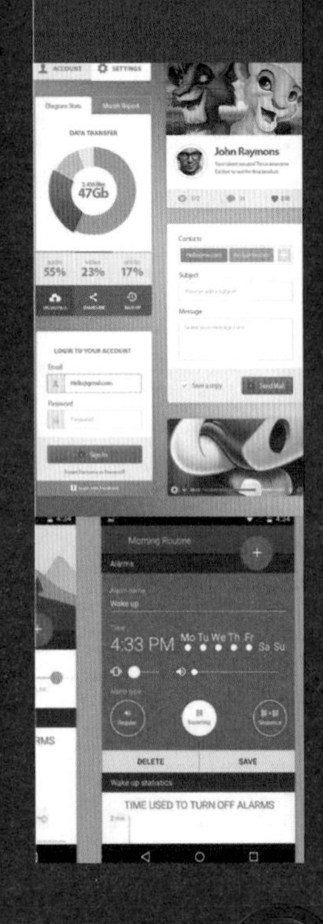

第 3 章 45 扁平化图标——折纸风格

第 4 章 53 扁平化图标——iOS风格

63 第 5 章

拟物化图标——日历

75 第 6 章

拟物化图标——抽屉邮件

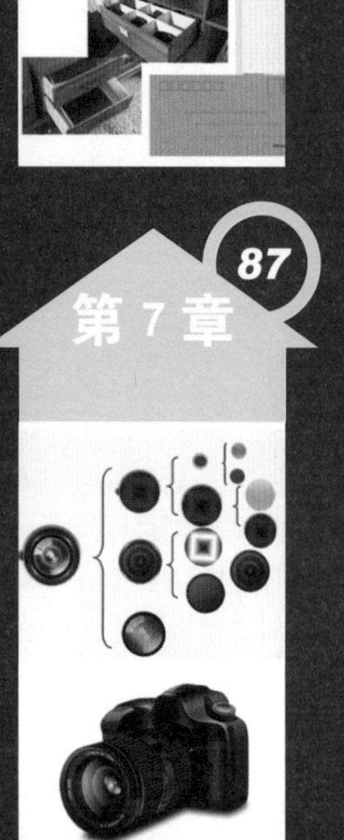

拟物化图标——照相机

Android系统UI设计规范（一）

第 12 章 综合项目——休闲娱乐类App设计 155

第1章

移动App图标的基本概念及设计方法

● 本章目标

完成本章内容以后，您将：

- 了解移动UI设计的相关概念。
- 熟悉移动UI三大操作系统。
- 熟悉移动UI设计的常用软件。
- 熟悉移动UI常见存储格式。
- 了解与尺寸相关的术语概念和标准。
- 掌握图标的概念、分类、规范和设计方法。

● 本章素材下载

- 请访问课工场UI/UE学院：kgc.cn/uiue（教材版块）下载本章需要的案例素材。

本章简介

本章主要讲解移动 UI 设计的相关概念以及 App 图标的基本概念、设计规范和设计方法等基本知识，从各专业名词剖析开始引导学员逐步步入移动 UI 界面设计的殿堂，对移动 UI 界面设计有一个全新的认识，为以后的移动端界面设计工作打下坚实的基础。

本章中的名词讲解比较详细，方便学员快速理解和掌握。

理 论 讲 解

参考视频
移动端 UI 导学

1.1 移动 UI 设计的相关概念

UI 是英文 User 和 Interface 的缩写，其本意是用户界面。UI 设计是指建立在用户体验、人机交互基础之上对各种软件、电子通信设备、应用及网站等界面的设计。其目的不仅能够让用户在与界面交流的过程中通过技术功能的实现与视觉、感觉之间找到完美的平衡点，以适应用户的最终需求，同时还应遵循友好、易用、可识别性等原则让软件变得有个性、有品味，让软件的操作变得舒适、简单、自由，充分体现软件的定位和特点。

如今，用户界面无所不在，它已经融入到了人们的生活、工作和学习当中，从移动电话、平板电脑到工作中必不可少的 PC 甚至汽车、家电等。在飞速发展的电子产品中，界面设计的工作越来越被重视起来，例如图 1.1 所示的各类应用的 UI 界面。

图 1.1　各类应用的 UI 界面

参考视频
移动 App 图标入门

1.2 移动 UI 三大操作系统

目前应用在手机上的操作系统主要有 Symbian（中文译为塞班）、Windows Phone（6.5 之前的版本为 Windows Mobile）、Android（中文译为安卓、安致）、iOS（iPhone OS）、Black Berry（中文译为黑莓）、Bada（仅适用于三星）等。Symbian 逐渐没落，Windows Mobile 退出市场，Android、iOS、Windows Phone 被公认为热门的三大手机操作系统，它们都有各自的特点，下面就对这三大手机操作系统进行介绍。

1.2.1 Android系统界面

Android 一词的本意是指“机器人”，中文名称为“安卓”或“安致”，是一个基于开源代码的 Linux 平台衍生而来的操作系统。最初由一家小型公司创建，后来被谷歌收购。该平台由操作系统、中间件、用户界面和应用软件组成，是当下最流行的一款智能手机操作系统。

Android 的显著特点在于它是一款基于开放源代码的操作系统，Android 平台提供给第三方一个十分宽泛、自由的环境，不会受到各种条条框框的阻扰：厂商、开发者、用户可以对界面进行美化，可想而知会有多少新颖别致的软件诞生。如图 1.2 所示为 Android 操作系统界面。

图 1.2　Android 操作系统界面

1.2.2 iOS系统界面

iOS 是由苹果公司开发并应用于 iPhone 手机、iPod touch、iPad 等手持设备的操作系统。相比其他智能手机操作系统，iOS 系统的流畅性、完美的优化及安全等特性是其他操作系统所无法比拟的，同时配合苹果公司出色的工业设计一直以来都以高端、上档次为代名词。

iOS 系统的界面从最早的拟物化设计开始到 iOS 7 之后秉承的扁平风格，一直都是引领界面设计流行趋势的风向标。它的这种扁平风格不仅体现在界面设计上，也同时体现在产品的交互与用户体验上。简单、容易上手的操作体验更多的是为了方便用户使用，iPhone 之所以用户群覆盖各个年龄层段，是因为即使没有用过 iPhone 的人也可以很快上手。iOS 的所有启动图标都位于桌面上，更加便于查找和操作，同时所有图标都采用同样的尺寸和样式，看起来更加整齐。

但是由于 iOS 采用封闭源代码开发、标准化规范严格，所以在拓展性上要略显逊色。如图 1.3 所示为 iOS 操作系统界面。

图 1.3　iOS 操作系统界面

1.2.3　Windows Phone系统界面

Windows Phone（简称 WP）是微软发布的一款移动操作系统，由于它是一款十分年轻的操作系统，所以 Windows Phone 相比其他操作系统而言有桌面制定、图标拖拽、滑动控制等一系列前卫的操作体验。其主屏幕通过提供类似仪表盘的体验来显示新的电子邮件、短信、未接来电、日历约会等，让人们对重要信息保持时刻更新。它还包括一个增强的触摸屏界面（更方便手指操作）和一个最新版本的 IE Mobile 浏览器。史蒂夫 - 鲍尔默（微软公司前首席执行官兼总裁）表示："全新的 Windows 手机把网络、个人电脑和手机的优势集于一身，让人们可以随时随地享受到想要的体验。"

由于是初入智能手机市场，所以在份额上暂无法和安卓、iOS 相比，但是正是因为年轻，所以此款操作系统有很多新奇的功能和操作，同时也是因为源自微软，所以在与 PC 端和 Windows 操作系统的互通性上占有很大优势。

与 iOS 和 Android 不同，WP 的桌面图标更加突出信息的展示，桌面上的大方块图标是它的招牌设计（活动瓷片），它可以动态地显示软件的更新信息，例如人脉（通讯录）可以滚动显示联系人的头像，FoxNews 如果开启这个特性可以推送最新新闻，如此设计可以让用户在第一时间了解应用的动态。当然，WP 界面也有其局限性：①对文件夹管理支持不完美；②主界面图标占用空间过大。如图 1.4 所示为 Windows Phone 操作系统界面。

图 1.4　Windows Phone 操作系统界面

1.3　移动 UI 设计常用软件

UI 界面设计中常用的软件有 Adobe 公司的 Photoshop 和 Illustrator、Corel 公司的 CorelDRAW 等，在这些软件中以 Photoshop 和 Illustrator 最为常用。

1.3.1　Photoshop

Photoshop 是 Adobe 公司旗下最为出名的图像处理软件之一。它的应用领域涉及图像编辑、美术创意、广告设计、出版印刷等各个方面，是集图像扫描、编辑修改、图像制作、广告创意、图像输入和输出于一体的图形图像处理软件。

如图 1.5 所示为 Photoshop 设计的界面效果。

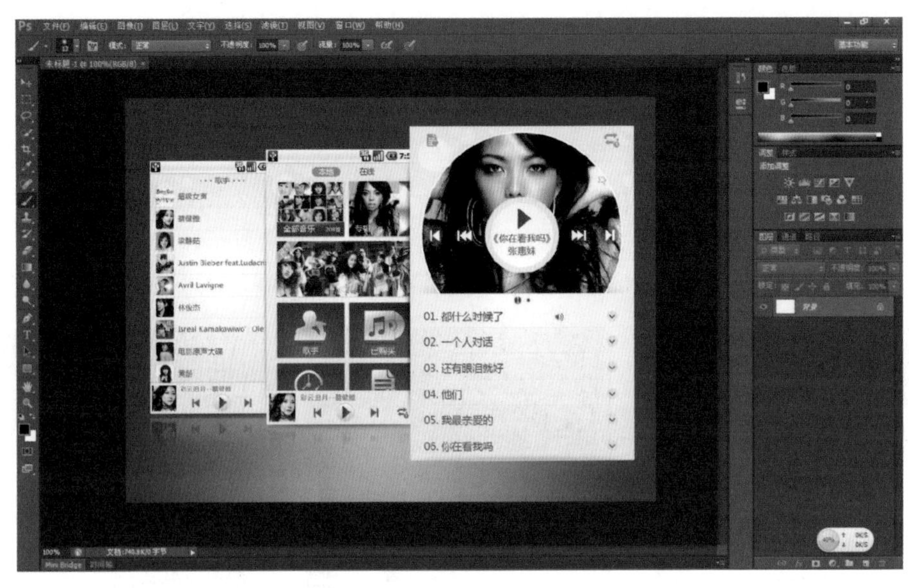

图 1.5　Photoshop 设计的界面效果

1.3.2　Illustrator

Illustrator 是 Adobe 公司推出的专业矢量绘图工具，是出版、多媒体和在线图像的工业标准矢量插画软件。作为一款非常好的图片处理工具，Adobe Illustrator 广泛应用于印刷出版、海报书籍排版、专业插画、多媒体图像处理和互联网页面制作等，也可以为线稿提供较高的精度和控制，适合于任何小型设计到大型的复杂项目。如图 1.6 所示为 Illustrator 设计的界面效果。

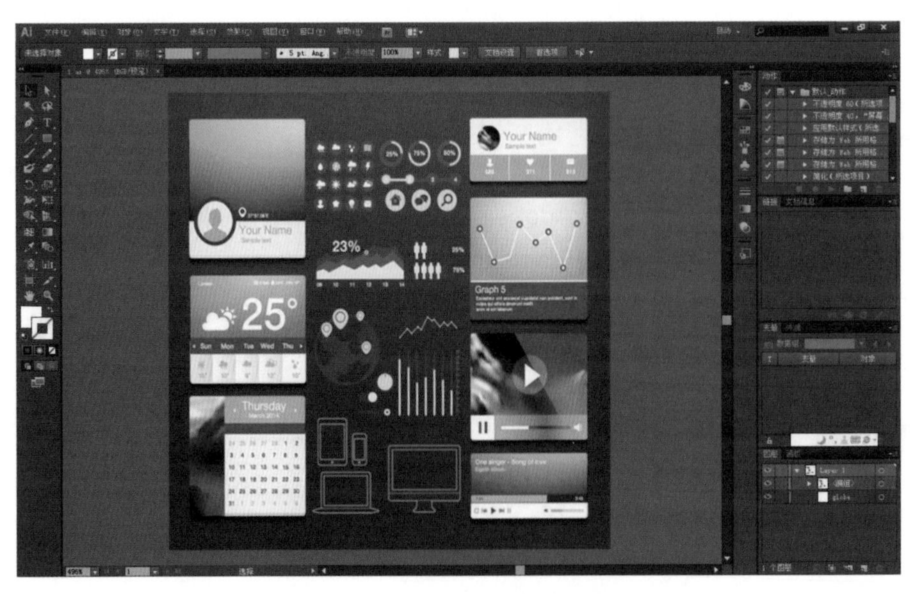

图 1.6　Illustrator 设计的界面效果

1.3.3 CorelDRAW

CorelDRAW Graphics Suite 是加拿大 Corel 公司开发的图形图像软件，是集矢量图形设计、页面设计、网站制作、位图编辑、印刷出版、文字编辑处理和图形高品质输出于一体的平面设计软件，深受广大平面设计人员的喜爱，目前主要在广告制作、图书出版等方面得到广泛的应用。

它包含两个绘图应用程序：一个用于矢量图及页面设计，一个用于图像编辑。这套绘图软件组合带给用户强大的交互式工具，使用户可以创作出多种富于动感的特殊效果及点阵图像即时效果，在简单的操作中就可以得到实现——而不会丢失当前的工作。通过 CorelDRAW 的全方位设计及网页功能可以融合到用户现有的设计方案中，灵活性十足。该软件提供的智慧型绘图工具以及新的动态向导可以充分降低用户的操作难度，允许用户更加容易精确地创建物体的尺寸和位置，减少点击步骤，节省设计时间。如图 1.7 所示为 CorelDRAW 设计的界面效果。

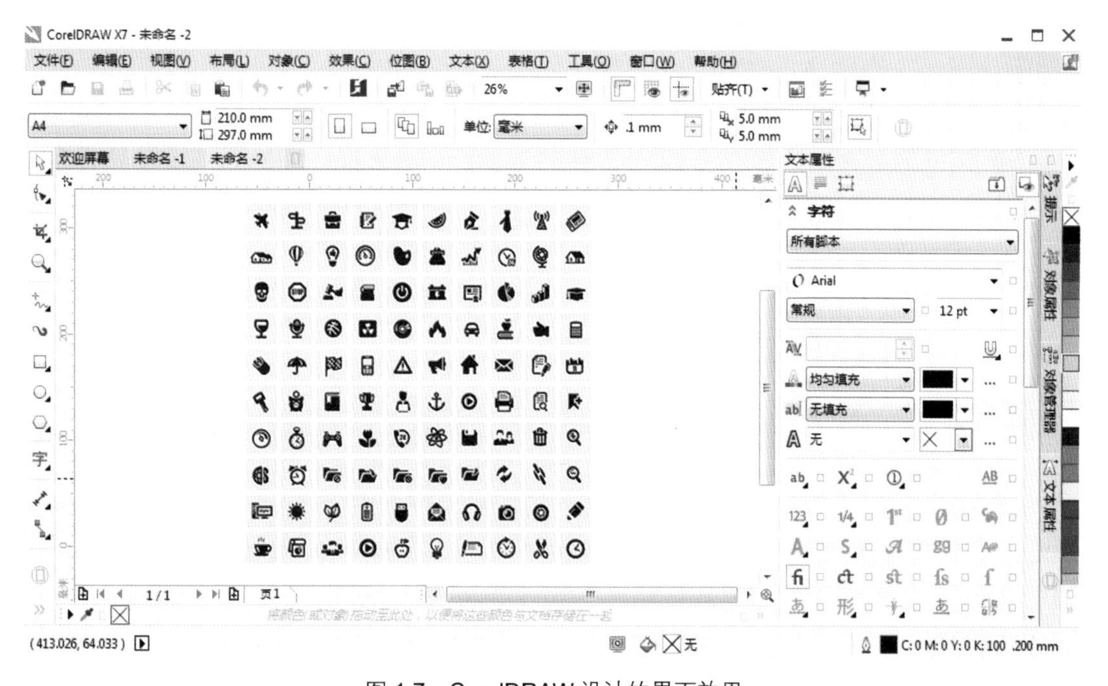

图 1.7 CorelDRAW 设计的界面效果

对于目前流行的 UI 界面设计，由于没有具体针对性的专业设计软件，所以大部分设计师会选择以上三款软件来制作 UI 界面。

CorelDRAW因为功能强大和界面友好，一直以来在标志制作、模型绘制、排版和分色输出等诸多领域都能看到它的身影，但是由于它与Photoshop和Illustrator不是一家公司的软件，所以在软件的互通性上稍差。

1.4 移动 UI 常见存储格式

在日常生活中存在有多种不同类型的图片文件格式，不同格式的图片文件所呈现出来的视觉效果不同。在 UI 设计过程中，常用的格式主要有以下 3 种：JPEG、GIF 和 PNG。

1.4.1 JPEG（.jpg）

JPEG 是一种位图文件格式，支持上百万种颜色，压缩比相当高，而且图像质量受损不太大，适合于照片。因为此格式的文件尺寸较小、下载速度快，目前各类浏览器均支持这种图像格式，它成为网络上最受欢迎的图像格式，但是不支持透明背景和分层图像。分辨率 300 像素的 JPEG 图像可以印刷使用，但是经过压缩后（分辨率为 72 像素）的 JPEG 图像一般不适合打印，在备份重要文件时也最好不要使用 JPEG 格式。

1.4.2 GIF（.gif）

GIF 文件的数据是一种基于 LZW 算法的连续色调的无损压缩格式，压缩率一般在 50% 左右，它不属于任何应用程序。因其体积小、成像相对清晰而大受欢迎，几乎所有相关软件都支持它。它支持背景透明显示；可以将单帧的图像组合起来轮流播放每一帧而成为动画；支持图形渐进，可以让浏览者更快地知道图像的概貌；支持无损压缩。GIF 格式的缺点是只有 256 种颜色，这对于高质量的图像来说是不够的。

1.4.3 PNG（.png）

PNG，一种新型 Web 图像格式，结合了 GIF 的良好压缩功能和 JPEG 的无限调色板功能。PNG 用来存储灰度图像时，灰度图像的深度可多到 16 位；存储彩色图像时，彩色图像的深度可多到 48 位，并且还存储多到 16 位的 α 通道数据。它是网页中的常用格式，支持背景透明显示，相同图像相比其他两种格式体积稍大。如图 1.8 所示是 3 种不同格式的显示效果。

图 1.8　3 种不同格式的显示效果

1.5 尺寸相关的术语概念和标准

大家都知道移动端设备屏幕尺寸非常多，碎片化严重。尤其是 Android 系统的移动设备，你会听到很多种分辨率：480×800 像素、480×854 像素、540×960 像素、720×1280 像素、1080×1920 像素，而且还有传说中的 2K 屏。近年来 iPhone 的碎片化也加剧了：640×960 像素、640×1136 像素、750×1334 像素、1242×2208 像素。

2K分辨率指的是屏幕分辨率达到了一种级别，指屏幕横向像素达到2000以上，是国内数字影院的主流放映分辨率。2K分辨率有多种类别，最常见的影院2K是指2048×1152像素。中国品牌vivo智能手机在2013年推出世界上第一款分辨率达到2K级别的手机，其分辨率为Quad HD的2560×1440像素，高于通常意义上的2K（2048×1152像素），是HD屏幕分辨率的4倍，是2013年度其他旗舰手机1080P屏幕的1.8倍。最新一代低温多晶硅工艺的2K屏幕不但具有高分辨率、高色彩饱和度、成本低廉等特点，还可以降低电力消耗。

HD：通常把物理分辨率达到720p以上的格式称为高清，英文表述为High Definition，简称HD。

Quad HD：一种显示分辨率，分辨率为2560×1440像素，是普通HD（1280×720像素）宽高的各两倍，面积的4倍。

不要被这些尺寸吓倒。实际上大部分的 App 和移动端网页在各种尺寸的屏幕上都能正常显示，这说明尺寸的适配问题有很好的解决方法，而且有规律可循。

1.5.1 屏幕尺寸

屏幕的物理尺寸是以屏幕的对角线长度作为依据，并且以英寸为单位。现今主流的手机屏幕尺寸主要有 3.5 英寸、4.0 英寸、4.7 英寸、5.0 英寸，更大的有 6.0 英寸、7.0 英寸等，而平板电脑常见的屏幕尺寸主要有 7.0 英寸、8.0 英寸、9.7 英寸、10.1 英寸等。

英寸：是英国标准长度单位，1英寸≈2.54厘米；寸是中国特有的长度单位，3寸=10厘米，1寸≈3.33厘米。

1.5.2 分辨率

分辨率是指显示器所能显示的像素数量，直接决定了图像的精细程度。像素数量越多画面越精细，分辨率就越高。

可以将图像想象成一个棋盘，每一个格子就是一个像素，每个像素只能包含一种颜色，成千上万的不同颜色的格子组合起来，就能表现出色彩过渡细腻、逼真的图像。现在某些平板电脑的屏幕分辨率已经高达 2048×1536 像素，号称已经超出了人类眼睛的观察极限，这类设备的屏幕相当清晰。如图 1.9 所示为分辨率不同的显示效果。

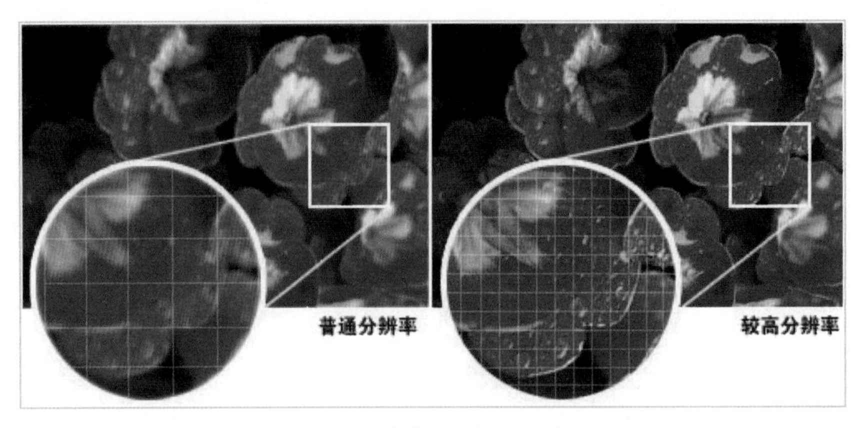

图 1.9　分辨率不同的显示效果

1.5.3　屏幕密度

屏幕密度主要分为低密度（Ldpi）、中密度（Mdpi）、高密度（Hdpi）、特高密度（XHdpi）和超高密度（XXHdpi），如图 1.10 所示。

图 1.10　屏幕密度

iOS 的尺寸单位为 pt，Android 的尺寸单位为 dp。

px（Pixels）：对应屏幕上的实际像素点。

dpi（Dots Per Inch）：每英寸所能印刷的网点数。

in（Inches，英寸）：屏幕物理长度单位。

mm（Millimeters，毫米）：屏幕物理长度单位。

pt（Points，磅）：屏幕物理长度单位，1/72in。

dp（与密度无关的像素）：逻辑长度单位，比如在 160dpi 的屏幕上，1dp=1px=1/160in，随着密度变化，对应的像素数量也变化。

Ldpi 如今已绝迹，不用考虑。

Mdpi [320×480像素]（市场份额不足5%，新手机不会有这种倍率，屏幕通常都特别小）。

Hdpi [480×800像素、480×854像素、540×960像素]（早年的低端机，屏幕在3.5英寸档位；如今的低端机，屏幕在4.7～5.0英寸档位）。

XHdpi [720×1280像素]（早年的中端机，屏幕在4.7～5.0英寸档位；如今的中低端机，屏幕在5.0～5.5英寸档位）。

XXHdpi [1080×1920像素]（早年的高端机，如今的中高端机，屏幕通常都在5.0英寸以上）。

XXXHdpi [1440×2560像素]（极少数2K屏手机，如Google Nexus 6）。

1.6 初入图标世界

先来简单了解一下图标的基本知识：图标的概念、图标和标志的区别、常见移动应用图标和常见电脑应用图标，对移动 UI 设计有一个简单且清晰的了解，为后面的学习和制作精美优秀的图标设计打下良好的基础。如图 1.11 所示为图标设计。

图 1.11　图标设计

1.6.1 图标的概念

图标英文缩写 icon，源自于生活中的各种图形标识，是计算机应用图形化的重要组成部分。其中桌面图标是软件标识，如图 1.12 所示为应用图标；界面中的图标是功能标识，如图 1.13 所示为功能图标。

图 1.12 应用图标

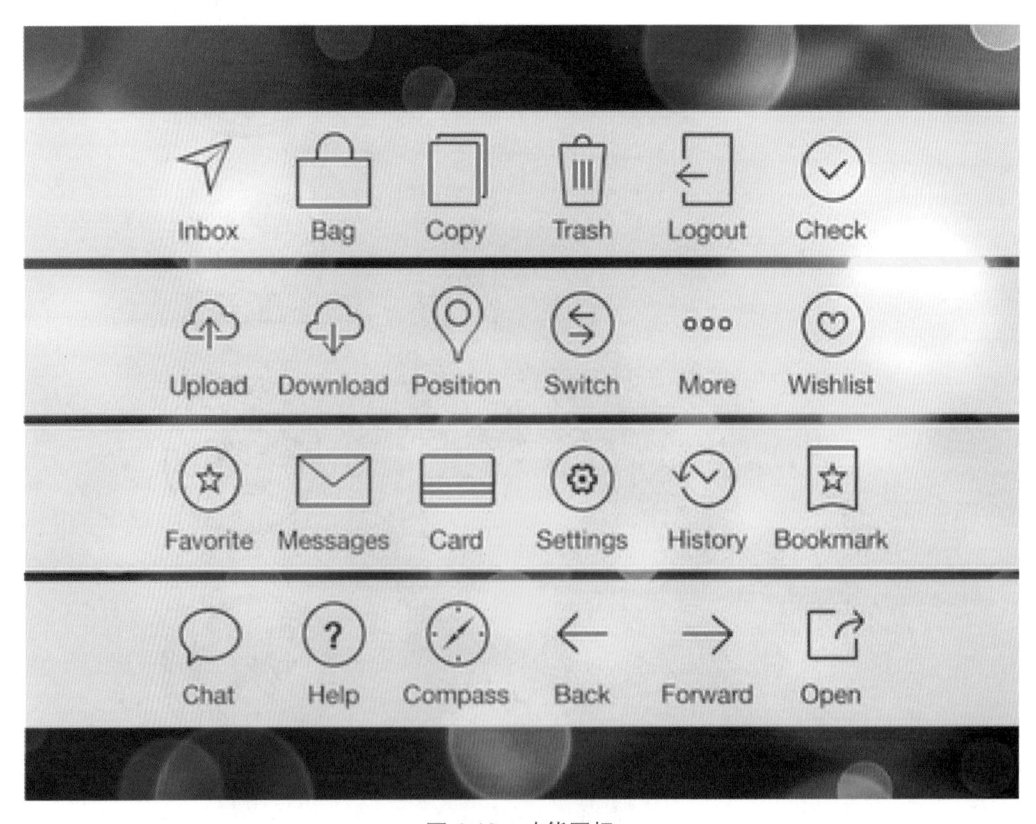

图 1.13 功能图标

图标有广义和狭义之分。 广义上指有指代意义的图形符号，是标志、符号、艺术、照片的结合体，是图形信息的结晶；具有高度浓缩并快捷传达信息、便于记忆的特性；应用范围很广，软硬件、网页、社交场所、公共场合无所不在，司机眼中交通指示牌上的指示图形、机械操作员眼中操作面板中按钮上的图案、男女厕所标志和各种交通标志等都可以称为图标，如图 1.14 所示。

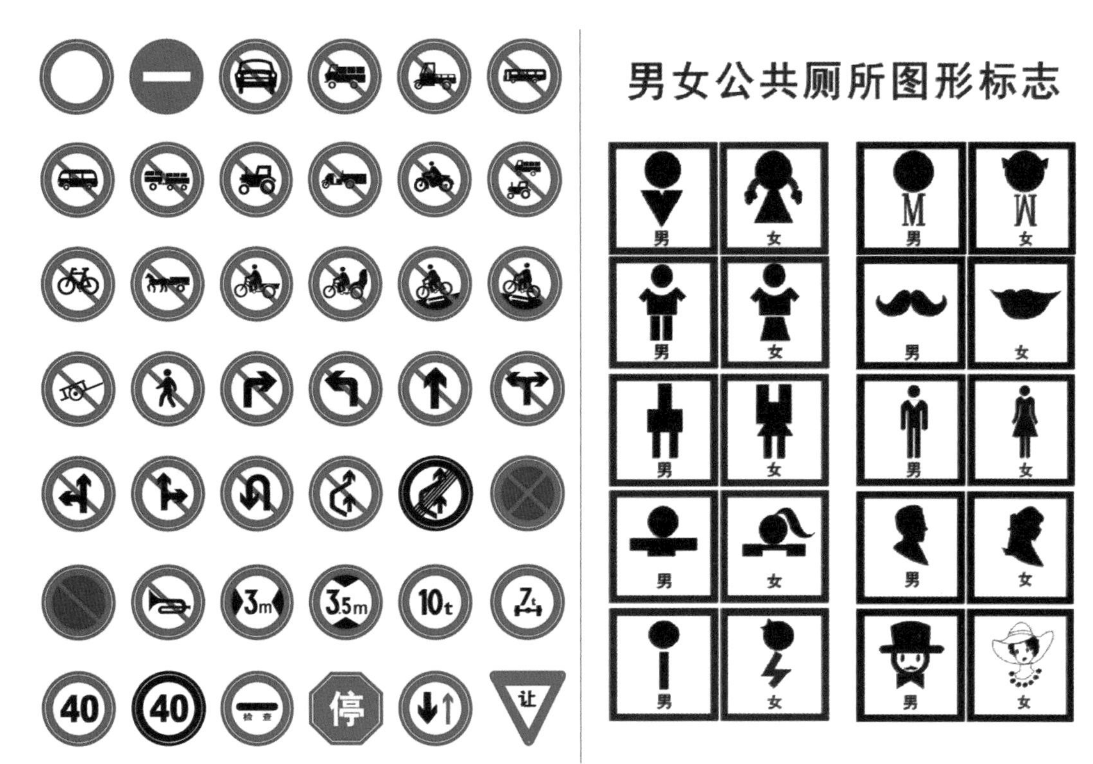

图 1.14　交通标志和厕所标志

狭义上指应用于计算机软件方面的图形符号，包括：程序标识、数据标识、命令选择、模式信号或切换开关、状态指示等。由于计算机操作系统和显示设备的多样性，导致图标的大小需要有多种格式，要求也不尽相同。一个图标实际上是多张不同格式的图片的集合体，并且还包含了一定的透明区域，在透明区域内可以透出图标下的桌面背景。

不同于文字显示，图形化的图标系统更有优势：

- 提供明显的程序快速入口：图标有助于体现程序的个性和用途，用户单击或双击图标可以快速执行命令和打开程序文件。
- 提供明显、直接的内容浏览：图标有助于快速展现内容，较之文字显示更能吸引眼球，起到或强调或分组的作用。
- 是保持文件一致性的有效手段：所有使用相同扩展名的文件具有相同的图标，所有使用相同格式、风格的图标都具有相同的类别。

如图 1.15 所示为应用图标和界面 。

图 1.15　应用图标和界面

图标是呈现出时代性与个性化的视觉符号形态：大图标尺寸被普遍运用；精致、细节、艺术个性化；拟物化风格中材质趋于模拟还原真实自然；扁平化风格中颜色愈加考究，形状更加严谨；iOS 移动端启动图标披上强烈设计感的圆角状外衣。图标可以为标题添加视觉引导，可以用作按钮，可以用来分割页面，可以作为整体修饰，可以使页面更专业，可以增强页面的交互性。

不同系统对图标的规定都不太一样，希望同学们在设计不同系统的图标时要严格遵守该系统的图标设计规范。

通常来说，为满足不同设备的适配和不同的显示位置，图标有一套标准的大小和属性格式。每个图标都含有多张相同显示内容的图片，每一张图片具有不同的尺寸。一个图标就是一套相似的图片集，每一张图片有不同的规格。从这一点上说图标是三维的。

1.6.2　图标的分类

在制作图标之前必须知道图标的分类，一般可按属性、表现形式、设计风格等对图标进行分类。

1. 按属性分类

按属性图标可以分为应用图标和栏图标两大类。

（1）应用图标：又可以称为系统图标、启动图标。每个应用都需要一个漂亮的启动图标。用户常常会在看到应用图标的时候便建立起对该应用的第一印象，并以此评判应用的品质、作用以及可靠性，如图 1.16 所示。

图 1.16　应用图标

在设计应用图标时应当记住以下几点：

- 应用图标是整个应用品牌的重要组成部分。将图标设计当成一个讲述应用背后的故事和与用户建立情感连接的机会。
- 最好的应用图标是独特的、整洁的、打动人心的、让人印象深刻的。
- 一个好的应用图标应该在不同的背景和不同的规格下都显示清晰，具有清晰的可识别性，同样的美观。

为了丰富大尺寸图标的质感而添加的细节有可能让图标在小尺寸显示时变得不清晰。同样，如果图标中出现文字，请一定要保证在小尺寸显示下文字依旧清晰可识别。

（2）栏图标：又称为功能图标，它们用以代表各种常见任务与操作，常用在标签栏（Tab Bar）、工具栏（Toolbars）和导航栏（Navigation Bar）中。通常用户都已经了解这些内置图标的含义了，因此可以尽可能地多使用它们，如图 1.17 所示。

图 1.17　栏图标

也可以用文字来代替工具栏和导航栏的图标。就像 iOS 的日历里面，工具栏上便是使用“今天”“日历”和“收件箱”来代替图标进行表意的，如图 1.18 所示。

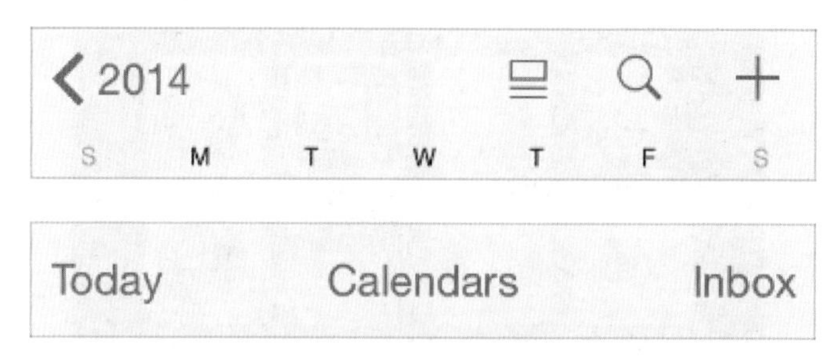

图 1.18　文字栏图标

想要决定在工具栏和导航栏中到底是用图标还是文字，可以优先考虑一屏中最多会同时出现多少个图标。如果数量过多，可能会让整个应用看起来难以理解。使用图标还是文字还取决于屏幕方向是横向还是纵向，因为水平视图下通常会拥有更多的空间，可以承载更多的文字。

2. 按表现形式分类

按表现形式图标可以分为 2D 图标和 3D 图标两大类。

（1）2D 图标又叫平面图形图标。2D 图形内容只有水平的 x 轴向与垂直的 y 轴向，传统手工漫画、插画等都属于 2D 类。它的立体感、光影都是人工绘制模拟出来的，如图 1.19 所示。

（2）3D 图标又叫三维图标，是指在平面二维系中又加入了一个方向向量构成的空间系。三维就是坐标轴的三个轴，即 x 轴、y 轴、z 轴，其中 x 表示左右空间，y 表示上下空间，z 表示前后空间，这样就形成了人的视觉立体感，如图 1.20 所示。

图 1.19　2D 图标

图 1.20　3D 图标

3. 按设计风格分类

按设计风格图标可以分为像素图标、写实图标、扁平化图标、手绘图标等。

（1）像素图标：像素其实是由很多个点组成的。我们这里说的“像素画”并不是和矢量图对应的点阵式图像，而是指一种图标风格的图像，该风格的图像强调清晰的轮廓、明快的色彩，同时像素图的造型往往比较卡通，因此受到很多人的喜爱，如图 1.21 所示。

图 1.21　像素图标

（2）写实图标：写实在艺术形态上属于具象艺术，是绘画的一种表现手法。艺术家通过对外部物象的观察和描摹，亲历自身的感受和理解而再现外界的物象。

写实图标又叫拟物图标，指的是对描绘对象的形体、质感、肌理均能极为细腻地表达和刻画，是把对物体仅一般性描述的表现推向极致的一种表现形式，给人一种非常逼真的视觉效果，如图 1.22 所示。

图 1.22　写实图标

（3）扁平化图标：扁平化设计指的是抛弃那些已经流行多年的渐变、阴影、高光等拟真视觉效果，从而打造出一种看上去更“平”的效果。扁平风格的一个优势就在于它可以更加简单直接地将信息和事物的工作方式展示出来，减少臃肿复杂的视觉负担的产生，更利于多终端的适配和响应式布局，如图 1.23 所示。

图 1.23　扁平化图标

（4）手绘图标：手绘图标继承和发展了绘画艺术的技巧与方法，产生的艺术效果和风格带有纯然的艺术气质，具有直接性、随意自由性、个人情感和亲和力的特点，如图 1.24 所示。

图 1.24　手绘图标

1.6.3　启动图标的规范

图标大小从 16×16 像素到 1024×1024 像素不等，所以在设计绘制的时候尽量使用最大尺寸来制作，或者使用矢量工具或矢量软件来制作，如图 1.25 所示。

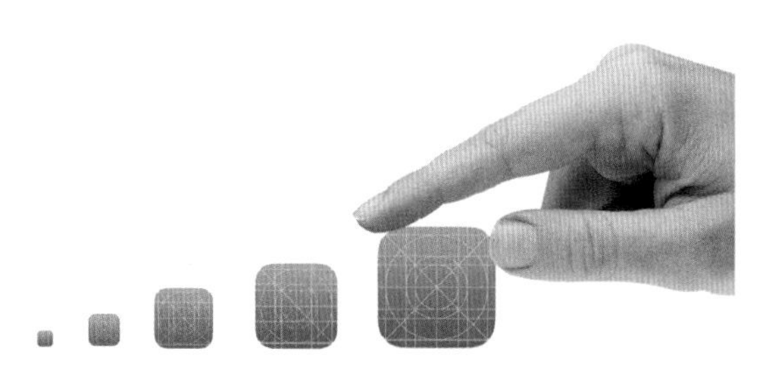

图 1.25　不同像素的图标

2012年7月开始使用高清图标已经成为苹果公司的强制政策，所有的iOS操作系统平台上的应用必须采用高清标准的图标，也就是说向苹果App Store提交的应用程序必须使用分辨率为1024×1024像素的图标，否则无法通过苹果公司的审核。

1.6.4　图标的设计方法

接到一个设计图标的任务后，大家是怎样展开思维来进行设计的呢？或者是有哪些步骤或者流程呢？

（1）需求分析，准备工作。

（2）构思风格，绘制草图。

（3）设计定位，颜色定位。

（4）细节调整，反馈修改。

图标设计应遵循这个规则：在做图标之前要整体考虑整个 App 的设计定位和主要用户群，先构思好整个图标的设计风格和思路，有了构思再开始进行造型设计，之后考虑颜色定位，最后对整体的图标进行细节修改，如图 1.26 所示。

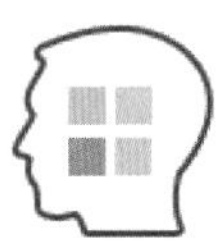

图 1.26　图标设计步骤

如果需要画几个图标，则需要整体考虑这个站点所有图标的风格，保持图标的统一性，如颜色的纯度、光线的一致性、表现手法的统一等，然后再开始使用软件绘制。

实战案例

实战案例——制作 Apple Watch App 图标

需求描述

制作 Apple Watch 的“闹钟”图标，如图 1.27 所示。

图 1.27　完成效果

技能要点

- 使用“矢量工具”绘制图形。
- 使用“渐变工具”填充颜色。
- 使用布尔运算绘制图形。

实现思路

- 勾勒轮廓，如图 1.28 所示。
- 调整线锋，如图 1.29 所示。

图 1.28　勾勒轮廓

图 1.29　调整线锋

- 细节刻画，如图 1.30 所示。

图 1.30　细节刻画

- 细节调整，如图 1.31 所示。
- 填充颜色，添加图标底座，完成效果如图 1.32 所示。

图 1.31　细节调整

图 1.32　完成效果

本章总结

- Android、iOS、Windows Phone 被公认为热门的三大手机操作系统。
- 图标英文缩写 icon，源自于生活中的各种图形标识，是计算机应用图形化的重要组成部分。其中启动图标是软件标识，界面中的图标是功能标识。
- 移动图标按属性分类可以分为应用图标和栏图标；按表现形式分类可以分为 2D 图标和 3D 图标；按设计风格分类可以分为像素图标、写实图标、扁平化图标和手绘图标等。
- 移动图标的设计流程：构思风格、设计造型、颜色定位、细节调整。

学习笔记

本章作业

1. 参照如图1.33所示的具体实物照片，根据自己的理解设计图标。

图 1.33　素材 1

2. 临摹图标，如图1.34至图1.37所示。

图 1.34　素材 2

图 1.35　素材 3

图 1.36　素材 4

图 1.37　素材 5

作业讨论区

访问课工场 UI/UE 学院：kgc.cn/uiue（教材版块），欢迎在这里提交作业或提出问题，你将有机会跟课工场的专家以及共同学习本书的小伙伴一起探讨切磋！

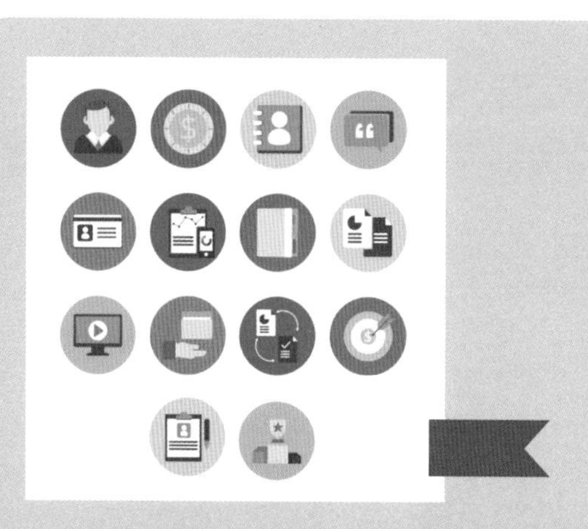

扁平化图标——长阴影风格

● 本章目标

完成本章内容以后，您将：

- 了解扁平化设计的概念、原则和特点。
- 了解扁平化图标的风格分类、扁平化图标的优缺点以及长阴影图标。
- 掌握长阴影效果图标设计制作方法。

● 本章素材下载

- 请访问课工场UI/UE学院：kgc.cn/uiue（教材版块）下载本章需要的案例素材。

本章简介

随着互联网的高速发展，我们可以看到质感厚重、图层样式繁多的网站和界面越来越少，相反各种轻质感、布局大胆、创意新颖的网站和界面渐渐进入了大家的视线。人们的审美、时尚标准无时无刻不在改变，互联网也是如此。

随着各种像素密度的联网设备的普及，交互界面变得更需要强调适应其变化，响应式设计也就应运而生。虽然响应式设计并没有风格上的固定的要求，但扁平的交互界面显然比其他样式要更容易处理。

本章主要讲解扁平化设计的基本概念、特点和发展趋势，扁平化图标设计的风格分类和优缺点。

理 论 讲 解

参考视频
扁平化图标——长阴影风格

2.1 扁平化设计的概念和特点

2010 年，当 Windows Phone 开始扁平化的时候，换来的是世人的嘲笑。

2011 年，当安卓 4.0 开始扁平化的时候，人们把这当作安卓为了和苹果不同的挣扎。

2013 年，当 iOS 7 开始扁平化的时候，就突然成了设计潮流了……

扁平化设计的盛行可谓雨后春笋。扁平化作为设计潮流，是一个全面的设计师应该要有所了解的。

2.1.1 扁平化设计的概念

所谓“扁平化设计”指的是摒弃那些已经流行多年的渐变、阴影、高光等拟真视觉效果，从而打造出一种看上去更“平”的界面，善于用颜色和形状去鼓励用户探索。

简言之：

（1）减少渐变、阴影和复杂厚重的纹理。

（2）使用简单的形状、大胆的色彩和清晰的排版。

扁平化这个概念最核心的地方就是放弃复杂的装饰效果，更简明、更干净、更有透气感。

尤其在手机上，更少的按钮和选项使得界面干净整齐，使用起来格外简捷。可以更加简单直接地将信息和事物的工作方式展示出来，减少复杂装饰效果产生的窒息感和视觉疲劳。

现在生活中处处可见扁平化的设计作品，比如苹果手机，采用棱角分明的线条，加上苹果原生应用的界面设计，颜色鲜明、对比强烈，非常漂亮，如图 2.1 所示。

图 2.1　苹果手机上的扁平化设计

简约和简单可以用来描述扁平化设计的特性。它具有鲜明的色彩、清晰的边缘、开放的空间、考究的图形。微软应该说是大力使用这种风格最早的公司之一：Windows 8 的 Metro（美俏）风格是彻底的扁平化风格。它大胆的配色和平铺的磁片展示设计风格为 Windows 品牌迈出新奇和积极的步伐，如图 2.2 所示。

扁平化设计，英文为flat design，这个概念2008年由Google（谷歌）提出，微软公司称它为authentically digital。Google是提出者，微软是第一个实践者。

图 2.2　Windows 8 的主要界面显示风格

2.1.2　扁平化设计的原则

设计师 Carrie Cousins 在网站上率先提出了扁平化设计的 5 个原则：拒绝特效、使用简单的元素、注重排版、关注色彩、极简主义。

1. 拒绝特效

在手机上，因为屏幕的限制，使得扁平化风格在用户体验上更有优势，更少的按钮和选项使得界面干净整齐，使用起来格外简单，如图 2.3 所示。

图 2.3　扁平化界面设计

2. 使用简单的元素

在保持高可用性的前提下尽可能的简单，保证应用或网站直观、易用，无需引导，如图 2.4 所示。

图 2.4　使用简单的元素

3. 注重排版

字体是排版中很重要的一部分，它需要和其他元素相辅相成。想想看，一款花体字在扁平化的界面里得有多突兀。字体选择简单的无衬线字体，通过字体大小和比重来区分元素，排版的目的在于帮助用户理解设计，标签按钮等其他元素更注重增强易用性和交互性，如图 2.5 所示。

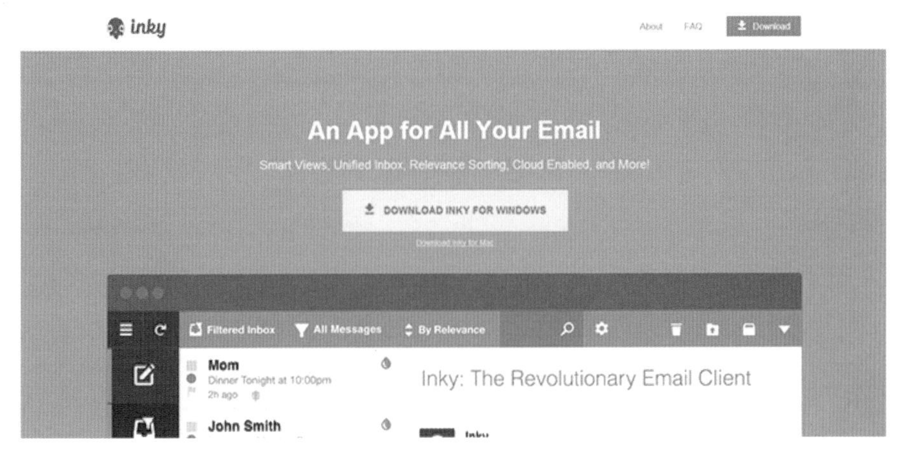

图 2.5　界面版式

4. 关注色彩

扁平化是一种设计理念，色彩是其外在的重要表现之一。扁平化设计的网站、界面应用色彩明显要更加鲜艳、明亮，可以使用更多的色调，一般的界面设计会使用 3 种色调：主色、辅助色、点缀色。在扁平化设计中，色彩的变化更加均匀、细腻、丰富，如图 2.6 所示。

图 2.6　界面色彩运用

5. 极简主义

扁平化设计整体上趋近极简主义设计理念，设计中大量驱除无关的元素和细节，尽可能地使用简单的颜色与文本，如图 2.7 所示。

好的设计不应当局限于某种设计风格，而需要更注重可用性、有用性。但该趋势并不适合于一切项目，所以不能强求所有应用都遵从这一风格。

图 2.7　简洁的界面设计

2.1.3　扁平化设计的特点

扁平化设计如日中天，去除繁杂装饰的极简主义界面设计正当时。扁平化设计聚焦两点：视觉的极简主义和功能的最优表达。一句话：用最简洁的用户界面达成最详备的功能。

百度百科是这样说的：扁平化的概念最核心的地方就是去掉冗余的装饰效果，意思是去掉多余的透视、纹理、渐变等能作出 3D 效果的元素。让“信息”本身重新作为核心被凸显出来，并且在设计元素上强调抽象、极简、符号化，如图 2.8 所示。

iOS 6——2012 年 6 月

iOS 7——2013 年 6 月 10 日

iOS 8——2014 年 6 月 3 日

图 2.8　iOS 6/7/8 的界面设计

扁平化尤其在手机上，更少的按钮和选项使得界面干净整齐，使用起来格外简洁，可以更加简单直接地将信息和事物的工作方式展示出来，减少认知障碍的发生。

扁平化在移动系统上不仅界面美观、简洁，而且降低功耗、延长待机时间和提高运算速度。例如 Android 5.0 用了扁平化效果，因此被称为“最绚丽的安卓系统”，如图 2.9 所示。

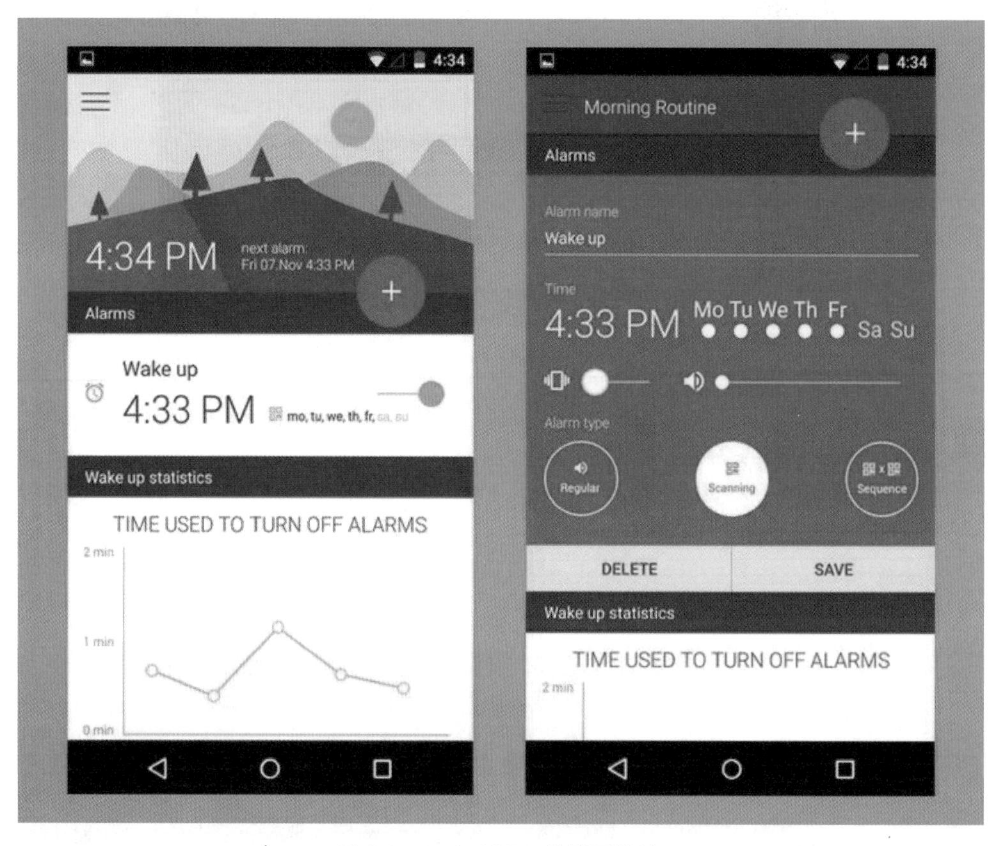

图 2.9　Android 5.0 的界面设计

注意

扁平化设计是一种糅合视觉与理念的设计风格。视觉上可以部分使用扁平化风格，但是组织形式和主题表达上却不必拘泥形式。

2.2　扁平化设计成为发展趋势

在可视化设计领域，扁平化和极简的设计正在成为新的趋势。因为：

（1）扁平化很大程度上是出于信息化的诉求，弱化界面无用的图形干扰，让用户可以快速聚焦到信息上，特别是对屏幕更小的移动设备，减少干扰尤为重要。

（2）扁平化更像是一种矢量化，可以在某种程度上减弱对像素精度的依赖，从而创建出适应性更的用户界面，特别是对于设备屏幕多样化的今天，使用扁平化的设计来创建响应式的用户界面会更加容易实施。

（3）审美需要，厚实的质感看多了，换个口味来点清爽的扁平，多少能让人感觉眼前一亮。

（4）扁平除了视觉表现上的扁平实际上还包括信息架构上的扁平，能让用户更快地得到关心的信息，也更符合互联网去中心化的精神。

“去中心化”（Decentralization）是互联网发展过程中形成的社会化关系形态和内容产生形态，是相对于“中心化”（Centralization）而言的新型网络内容生产过程。“中心化”和“去中心化”就是集权与分权，在互联网上就是指从我说你听的广播模式向人人有个小喇叭的广场模式转变。中心化的典型例子是门户网站，去中心化的典型例子是blog、UGC、社交媒体等。

2.3 扁平化图标的风格分类

扁平化图标设计常见的风格分类为：纯粹的扁平化（Metro）和略带变化的扁平化。略带变化的扁平化可以体现为：纯平面、轻折叠、轻质感、折纸风格、长投影、立体化和厚度感等。

1. 纯平面图标

特点：纯色、剪影。

优点：简洁、清新、舒服，视觉识别度较好，色彩明朗，设计感强烈，图形表现高度概括，如图2.10所示。

图2.10 纯平面图标

2. 轻折叠图标

特点：纯色、折痕、轻投影。

优点：比纯平面图标丰富，有轻微视觉空间感，色彩明朗，轻投影，营造出轻盈的感觉，视觉统一性好，如图 2.11 所示。

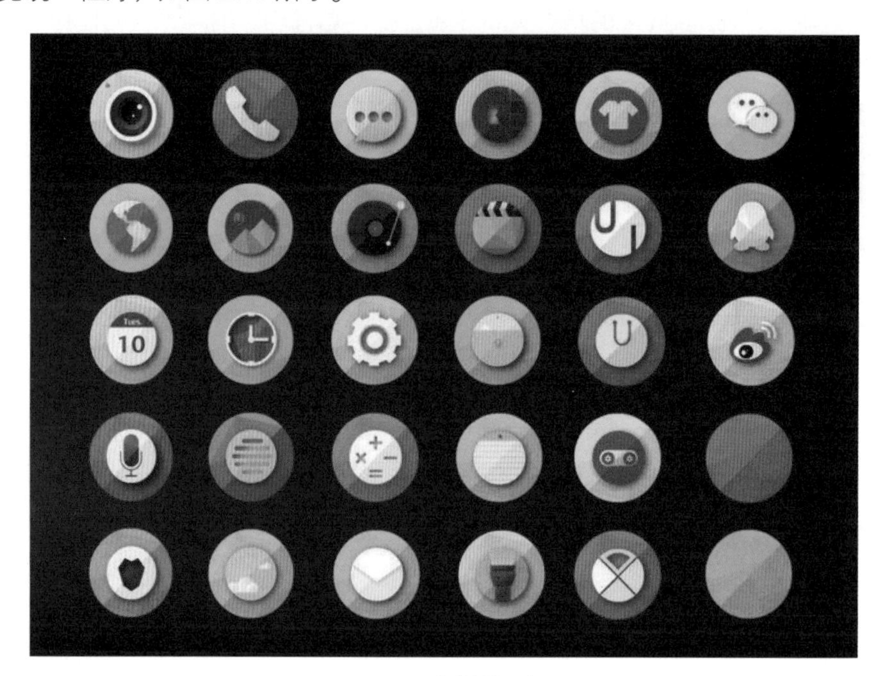

图 2.11　轻折叠图标

3. 轻质感图标

特点：轻渐变、层次简单、轻投影。

优点：简洁、干净、明朗，有一定的精致感，有简单的层次，轻投影创造轻度立体感而又轻盈清新，内容相对丰富，如图 2.12 所示。

图 2.12　轻质感图标

4. 折纸风格图标

特点：折叠、投影、结构。

优点：层次丰富，结构明显，易于创造空间立体感，几何感明显，复杂和简洁结合，挑战了扁平化的立体性，如图 2.13 所示。

图 2.13　折纸风格图标

5. 长投影图标

特点：投影、层次。

优点：色彩对比度大，有明显而单纯的投影，创造鲜明的层次感和空间感，视觉冲击强烈，如图 2.14 所示。

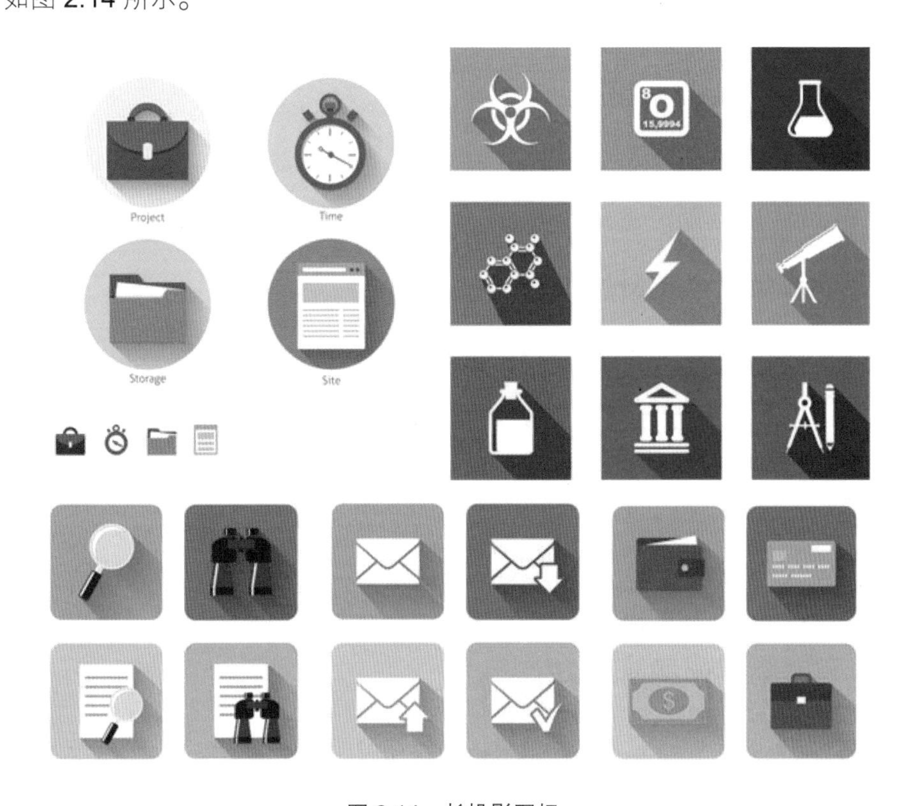

图 2.14　长投影图标

6. 立体化和厚度感图标

特点：厚度、细节。

优点：有明显的厚度、明显的立体感，有厚重感，有一定的细节，如图 2.15 所示。

图 2.15　立体化和厚度感图标

2.4 扁平化图标的优缺点

2.4.1 扁平化图标的优点

（1）论天下设计，繁久必简。扁平化设计简约而不简单，让看久了拟物化的用户感觉焕然一新。

（2）突出内容主题，减弱各种渐变、阴影、高光等效果对用户视线的干扰，让用户更加专注于内容本身，简单、易用。

（3）设计工作相对简单，便于快速执行和修正。对于新手设计师来说，扁平化的设计风格较之拟物化设计更加简单，更容易实现，也更容易修改。

2.4.2 扁平化图标的缺点

（1）需要一定的学习成本。区别于拟物化更加贴近现实事物，扁平化图标在识别度上要低一些，用户需要花费更多的学习成本来认识和区别它们。

（2）传达的感情不丰富，甚至过于冰冷。纯粹的扁平化风格采用冲击力强的颜色来区分彼此，缺乏细腻的表现方式，所以它传达的情感不够细腻，甚至过于冰冷、直接。

2.5 长阴影风格相关知识

设计没有硬性的教条。纯粹的扁平化设计流行一段时间后，人们对纯平面的设计感到过于乏味和单调，于是带有细微变化的扁平化风格应运而生，长阴影风格就是其中的一种。它的特点是使用了长长的阴影设计，给设计增加了一定的厚度，让其看起来更有立体感，同时仍旧遵循扁平化设计的理念。长阴影风格中的阴影往往和图像是不成比例的，或者说有时候这个阴影并不是特别符合光影逻辑，但是它却较好地平衡了扁平化缺乏细节的缺点，从而迅速受到人们的喜爱。

长阴影图标的特点：干净、独特的阴影往往是以一定角度来进行投影的，增加了图形的立体感，如图 2.16 所示。阴影或是扁平的、无渐变的，或是有一定明暗变化和衰退的。其缺点是阴影有时并不符合光影逻辑，与 iOS 启动图标采用顶部光源的设计规范相悖。

图 2.16　长阴影图标

注意

长阴影图标中的阴影需要具有相同方向的明暗分界线，每一个阴影应该具有相同的方位或透视。

实 战 案 例

实战案例——制作 Safari 长阴影图标

需求描述

制作 Safari 长阴影图标，如图 2.17 所示。

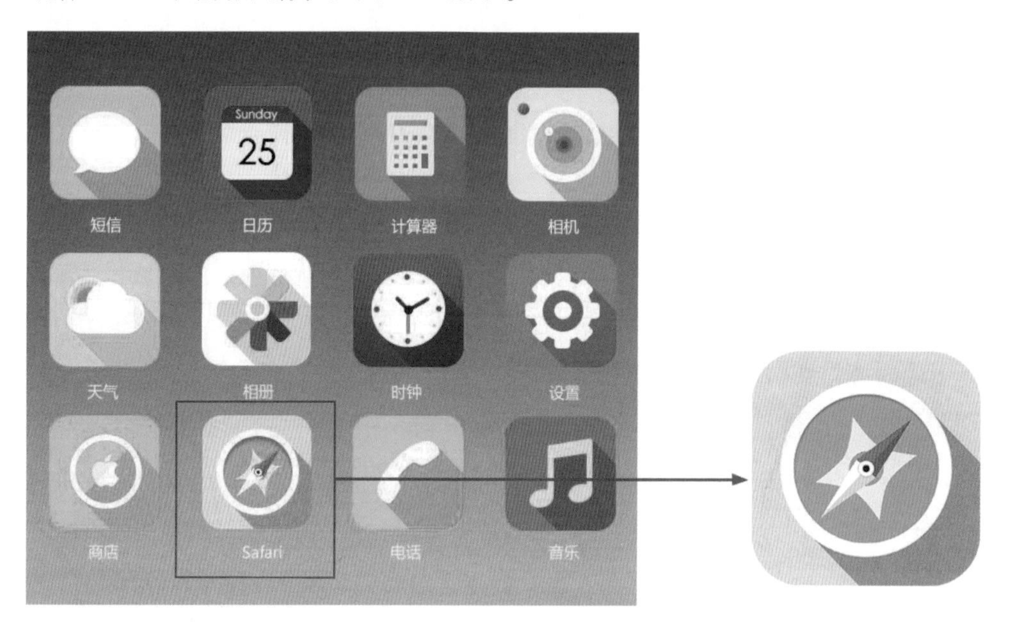

图 2.17　完成效果

技能要点

- 使用“矢量工具”绘制图形。
- 使用参考线确保图形位置准确。
- 使用布尔运算绘制图形。
- 用两种方法制作指针。

实现思路

- 分拆图标，如图 2.18 所示。

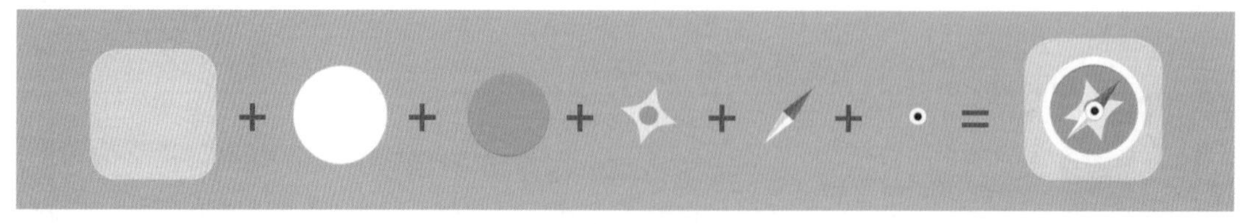

图 2.18　分拆图标元素

➢ 制作长阴影，如图 2.19 所示。

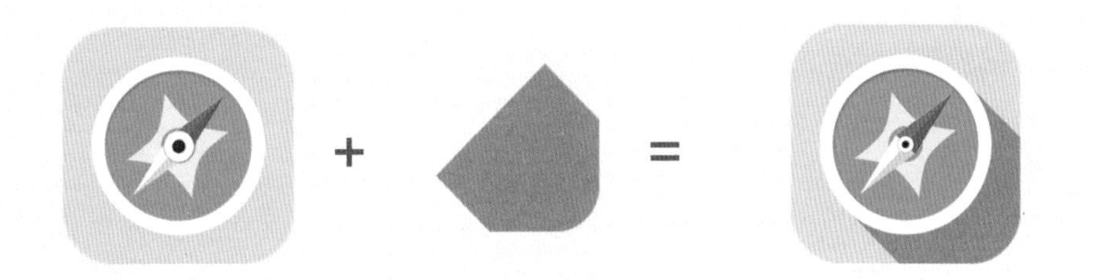

图 2.19 添加长阴影

➢ 细节调整，完成效果如图 2.20 所示。

图 2.20 完成效果

本章总结

- 扁平化的概念最核心的地方就是：去掉冗余的装饰效果，意思是去掉多余的透视、纹理、渐变等能作出 3D 效果的元素。让“信息”本身作为核心被凸显出来，并且在设计元素上强调抽象化、极简化、符号化。
- 扁平化图标的优点：扁平化设计简约而不简单，有新鲜感；开发简单，突出内容主题，减弱渐变、阴影、高光等效果对用户视线的干扰，让用户更加专注于内容本身，简单、易用；快速执行和修正。
- 扁平化图标的缺点：需要一定的学习成本；传达的感情不丰富，甚至过于冰冷。
- 长阴影图标的特点：阴影是以一定角度来投影的，增加了立体感；投影给图标加入了深度；阴影可以是扁平的、无渐变的，或者是带有一定明暗变化和衰退的。其缺点是阴影有时并不符合光影逻辑，与 iOS 启动图标采用顶部光源的设计规范相悖。

学习笔记

本章作业

临摹图标，如图2.21至图2.23所示。

图 2.21　长阴影图标（1）

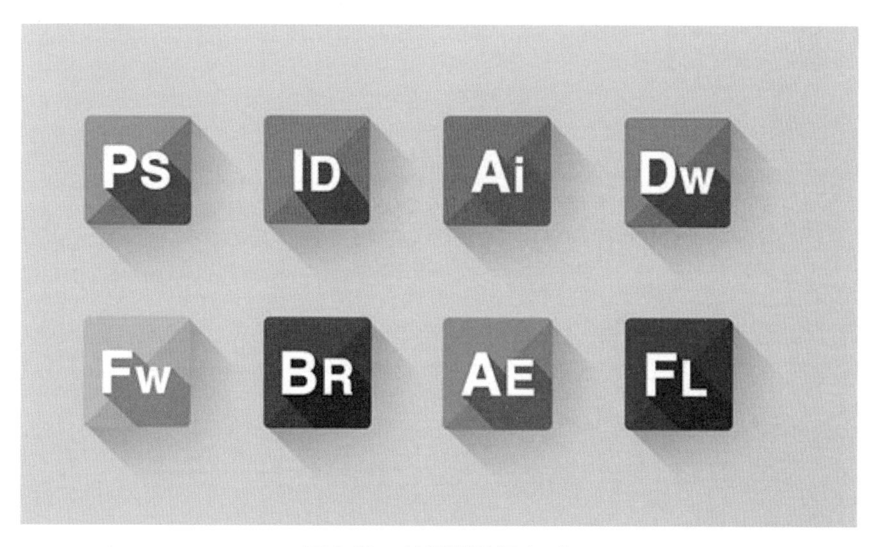

图 2.22　长阴影图标（2）

图 2.23　长阴影图标（3）

作业讨论区

访问课工场 UI/UE 学院：kgc.cn/uiue（教材版块），欢迎在这里提交作业或提出问题，你将有机会跟课工场的专家以及共同学习本书的小伙伴一起探讨切磋！

扁平化图标——折纸风格

● 本章目标

完成本章内容以后，您将：

- ▶ 了解折纸风格图标的艺术特征。
- ▶ 掌握折纸风格图标设计制作方法。

● 本章素材下载

- ▶ 请访问课工场UI/UE学院：kgc.cn/uiue（教材版块）下载本章需要的案例素材。

本章简介

本章主要讲解折纸风格图标设计的特征和设计方法。

理 论 讲 解

参考视频
扁平化图标——折纸风格

3.1 折纸风格图标分析

折纸风格的图标设计可以是一个折纸动植物的整体造型，也可以是单一图形的重叠、重复组合，或者以“折”“叠”来表现；可以以“线”突出折纸的效果，也可以以立体的“面”透过光影展现充实、饱满的形体美感，其图形语言可谓丰富多样，如图 3.1 所示。

图 3.1　折纸风格图标

3.2 折纸风格图标的艺术特征

（1）象征性与识别性。

折纸风格图标具有独特的风格展现：或简洁，或抽象，或夸张，几何感明显，复杂和简洁结合，挑战了扁平化的立体性，有神韵的把握，也有形似的特点，如图 3.2 所示。

（2）立体空间的体现。

折纸风格图标设计较纯平面风格设计多了立体展现的空间，层次丰富、结构明显，具有丰富微妙的光影变化，让平淡无奇的作品看上去更为细腻、精致，更具立体感和吸引力，如图 3.3 所示。

（3）搭建了情感互通的体验平台。

折纸风格图标设计生动、巧妙、富有亲和力，促进了作者与使用者之间情感的沟通，使人感觉舒适与亲近，实现有效传达的目标，如图 3.4 所示。

图 3.2　折纸风格图标（1）

图 3.3　折纸风格图标（2）

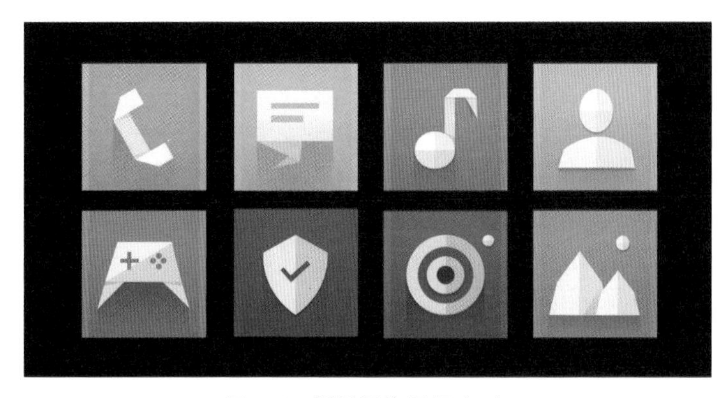

图 3.4　折纸风格图标（3）

实 战 案 例

实战案例——制作“设置”折纸风格图标

需求描述

制作“设置”折纸风格图标，如图 3.5 所示。

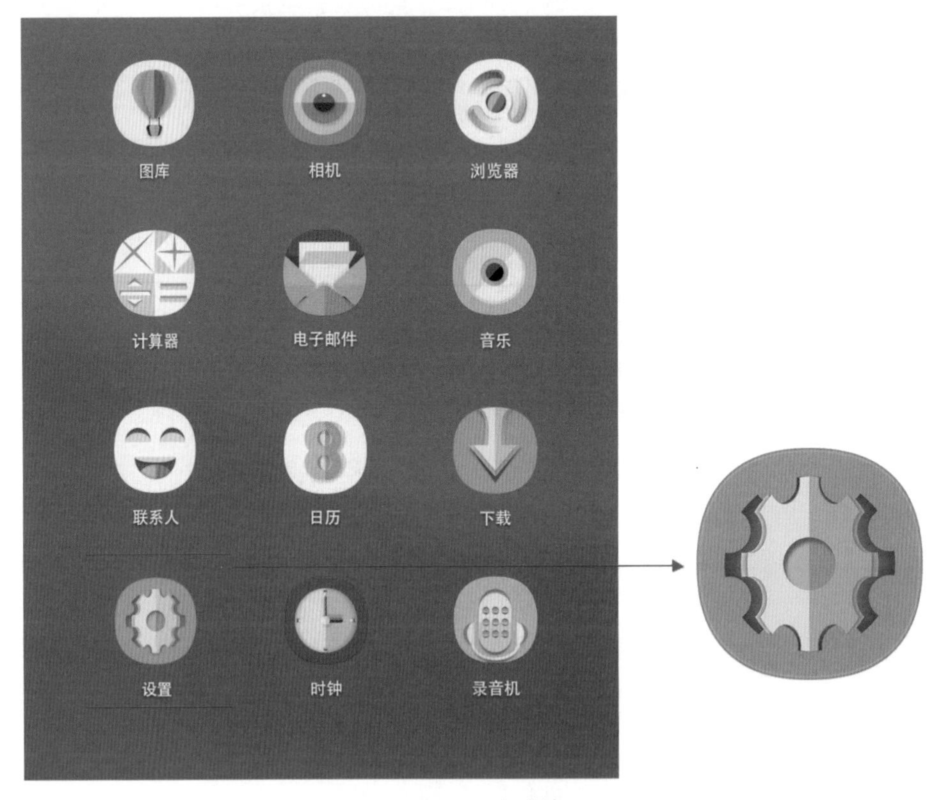

图 3.5　完成效果

案例分析

➢ 主要任务：制作折纸风格的图标。通过对本案例的学习，明白折纸风格图标的制作方法，难点是折角形状的制作和图层样式的控制。

➢ 核心内容：形状工具的使用、平面光影关系、图层混合模式。

技能要点

➢ 使用“矢量工具”绘制图形。

➢ 使用参考线确保图形位置准确。

➢ 使用布尔运算绘制图形。

实现思路

➢ 分拆图标，如图 3.6 所示。

图 3.6　分拆图标元素

➢ 制作齿轮形状，如图 3.7 所示。

➢ 制作折纸效果，如图 3.8 所示。

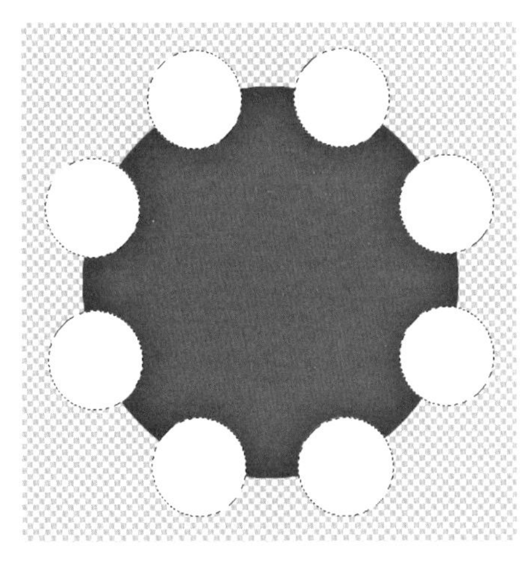

图 3.7　制作齿轮形状

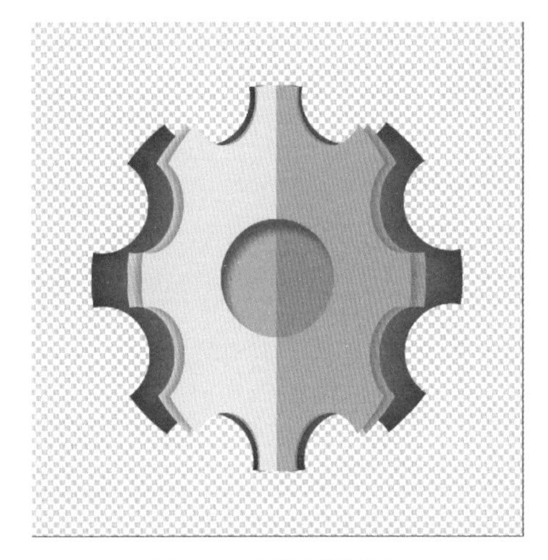

图 3.8　制作折纸效果

➢ 细节调整，完成效果如图 3.9 所示。

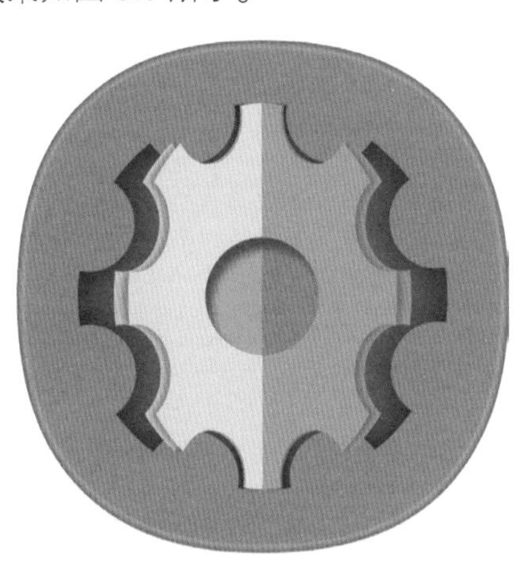

图 3.9　完成效果

本章总结

- 折纸风格图标设计可以是一个折纸动植物的整体造型，也可以是单一图形的重叠、重复组合，或者以“折”“叠”来表现；可以以“线”突出折纸的效果，也可以以立体的“面”透过光影展现充实、饱满的形体美感。
- 折纸风格图标设计生动、巧妙、富有亲和力，促进了作者与使用者之间的情感沟通，使人感觉舒适与亲近，实现有效传达的目标。

学习笔记

本章作业

临摹图标，如图3.10至图3.13所示。

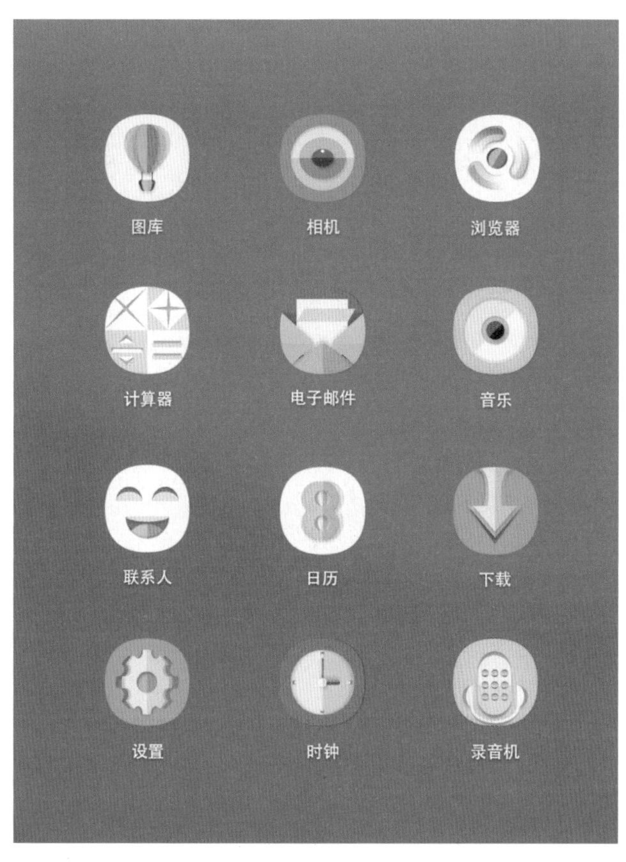

图 3.10　折纸风格图标（1）

图 3.11　折纸风格图标（2）

图 3.12　折纸风格图标（3）

图 3.13　折纸风格图标（4）

作业讨论区

访问课工场 UI/UE 学院：kgc.cn/uiue（教材版块），欢迎在这里提交作业或提出问题，你将有机会跟课工场的专家以及共同学习本书的小伙伴一起探讨切磋！

扁平化图标——iOS风格

● 本章目标

完成本章内容以后，您将：

- 熟悉iOS图标设计规范。
- 熟悉iOS文字规范。

● 本章素材下载

- 请访问课工场UI/UE学院：kgc.cn/uiue（教材版块）下载本章需要的案例素材。

本章简介

能够服务于体验的设计才是出色的设计。苹果在重新思考 iOS 的设计时，希望打造一种更加简单实用而又妙趣横生的用户体验。最终，苹果优化了 iOS 的工作方式，并以此为基础重新设计了 iOS 的外观。

iOS 7 是 iOS 面世以来在用户界面上做出改变最大的一个系统版本，它采用全新的界面设计：抛弃了以往的拟物化设计，采用了扁平化的设计风格。

理 论 讲 解

参考视频
扁平化图标——iOS 风格

4.1 iOS 简介

iOS 是由苹果公司开发并应用于 iPhone 手机、iPad 和 iPod touch 等手持设备的移动操作系统。该系统由于操作界面精致美观、稳定可靠、简单易用而受到全球用户的青睐，如图 4.1 所示。

图 4.1　iOS 历史版本界面设计

4.2 iOS 图标分析

iOS 图标可以分为应用图标和栏图标。

4.2.1 应用图标

应用图标又叫启动图标。每个应用都需要一个漂亮的应用图标，用户会在看到应用图标时建立起对应用的第一印象，并以此评判应用的品质、作用和可靠性，如图 4.2 所示。

图 4.2 应用图标

设计 iOS 应用图标需要注意：

- 应用图标是整个应用品牌的重要组成部分。将图标设计当成一个讲述应用背后的故事和与用户建立情感连接的机会。
- 好的应用图标是独特的、整洁的、打动人心的、让人印象深刻的。
- 一个好的应用图标应该在不同的背景和规格下都同样美观。为了丰富大尺寸图标的质感而添加的细节有可能让图标在小尺寸时变得不清晰。

4.2.2 栏图标

栏图标主要用以代表各种常见任务与操作，它们常用在标签栏（Tab Bar）、工具栏（Toolbars）和导航栏（Navigation Bar）中，如图 4.3 所示。

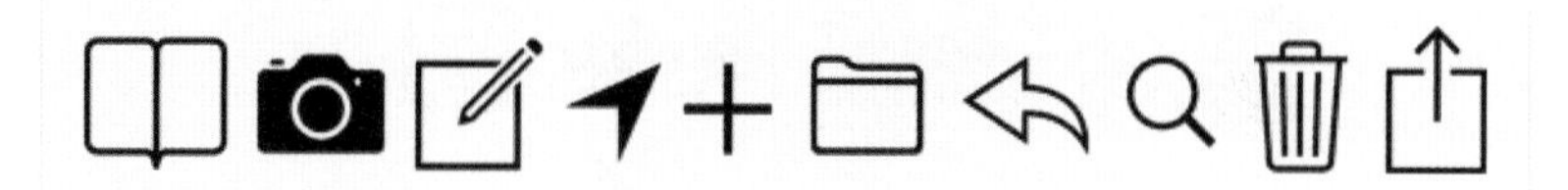

图 4.3 栏图标

栏图标也可以用文字来代替。例如 iOS 7 的日历界面，工具栏上便是使用 Today、Calendars 和 Inbox 来代替图标进行表意的，如图 4.4 所示。

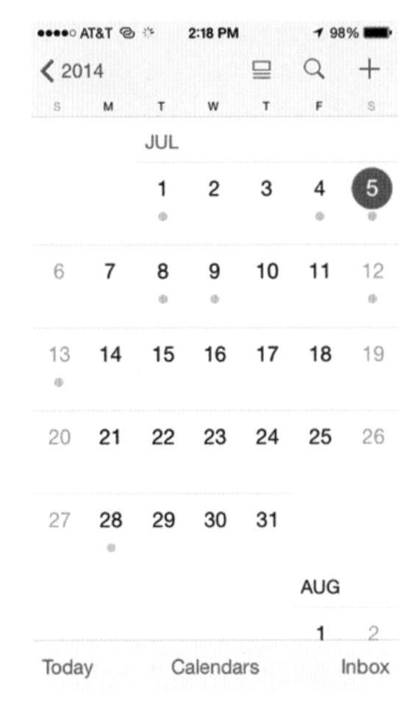

图 4.4　iOS 7 日历界面

4.2.3　iOS新扁平化PK旧拟物化

苹果 iOS 6 之前的设计采用拟物化 UI 设计风格，从 iOS 7 开始全面采用了最走俏的扁平化 UI 设计风格。在设计规范中强调“避免仿真和拟物化的视觉指引形式”，与“依从用户”原则相符。最能体现这一变化的无疑是 iOS 中的各种图标，如图 4.5 所示。

图 4.5　iOS 6 与 iOS 7 系统图标

（1）iOS 6 的写实风格图标主要分为 4 层：最底部的阴影层、稍靠上的图标信息层、再上层的光泽层和顶部的圆角层。

iOS 6 模仿质感极其逼真的贵重材质作为图标的底座，如木质、金属和水晶等，并且为每个图标都添加了华丽的高亮和阴影等特效，如图 4.6 所示。

（2）iOS 7 相对 iOS 6 在尽力地简化，图标上的很多细节被去除。最明显的是取消了之前的光泽层，边框的投影层减轻，使立体感降低。采用几近于纯色的底座和最简洁的图形来诠释图标，可谓将减法做到了极致。为了避免过于扁平化的单调，有些图标以颜色渐变进行衬托，仍旧秉承光源在顶端的做法，如图 4.7 所示。

图 4.6　iOS 拟物化图标

图 4.7　iOS 扁平化图标

从图标对比可以看到，iOS 6 看起来更为拟物化，颜色更暗淡，而 iOS 7 更为扁平化、多彩化，辨识度也许还有待提高。iOS 7 到底好不好，一千个读者就有一千个哈姆莱特，每个人或许都有每一个人的看法。

4.3　iOS 图标设计规范

统一的设计标准，使整个 App 在视觉上达到高度统一，提高了用户对产品的认知度，如图 4.8 所示。

图 4.8　iOS 7 图标

4.3.1 iOS启动图标设计规范

➢ 图标按照最大 1024×1024 像素来设计，之后按照比例缩小到每个尺寸，再进行调整，如图 4.9 所示。

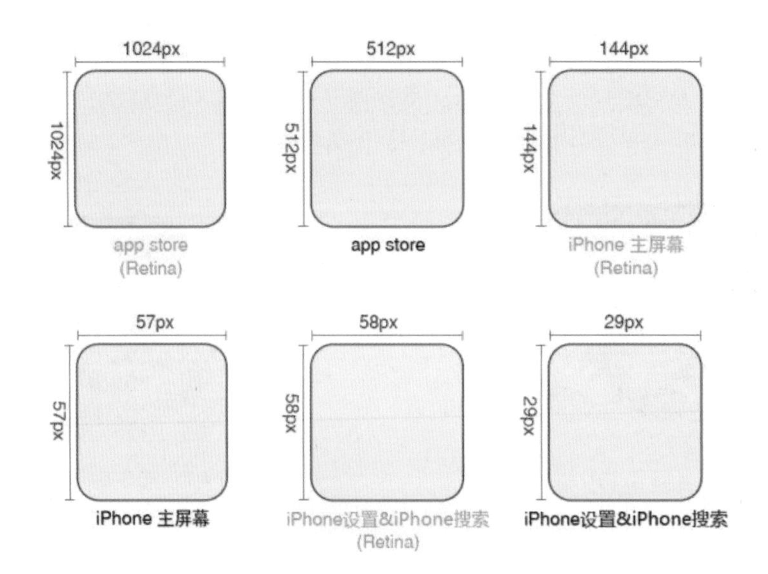

图 4.9 规格尺寸

➢ 提交没有高光和阴影的直角方形图即可，如图 4.10 所示。

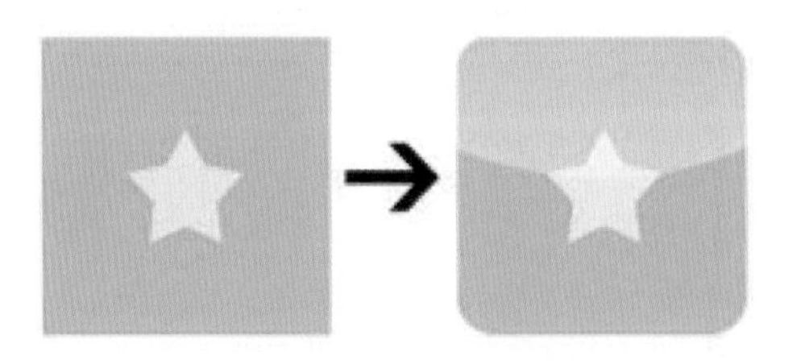

图 4.10 没有高光和阴影的图片

可点击的元素或图像不得小于44×44像素。小于44×44像素的图片在切图时需要在周围留出足够的透明像素，如图4.11所示。

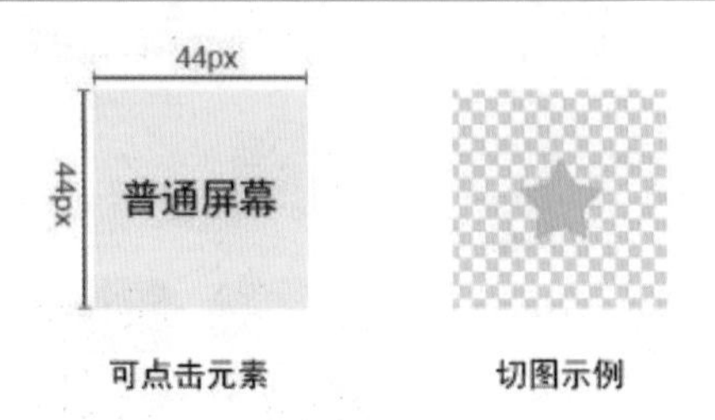

图 4.11 可点击的元素或图像的尺寸要求

图标的圆角效果是系统自动“剪切”的，是我们无法控制的。光照效果可以在后台设置显示或隐藏。

4.3.2 iOS图标文字规范

（1）字体。iOS 版本的默认系统字体都是 Helvetica Neue。iOS 7 开始，苹果对该字体做了一些轻微的修改，但在设计过程中使用原来的 Helvetica Neue 字体完全没有问题，在视觉上与华文细黑相似，所以在设计时使用华文细黑字体就可以了。具体字体请参照最新的系统规范。

（2）字号。未考虑适配和清晰度，所有字号都应为偶数，除特殊情况外 iOS 字体大小不建议低于 22 号。默认系统字体如图 4.12 所示。

图 4.12 默认系统字体

实 战 案 例

实战案例——制作 iOS 7 App Store 图标

需求描述

制作 iOS 7 App Store 图标，如图 4.13 所示。

图 4.13　完成效果

技能要点

- 使用“钢笔工具”绘制毛笔头形状。
- 使用布尔运算绘制图形。
- 使用“渐变工具”填充颜色。

实现思路

- 使用“矢量工具”绘制图形。
- 使用“自由变换”调整角度。
- 使用“钢笔工具”绘制毛笔头形状。
- 使用布尔运算绘制图形。
- 使用“渐变工具”制作颜色和效果。

重难点提示

iOS 图标风格定位：靓丽、鲜艳，注重整体搭配；颜色饱和度和纯度较高；多种形状的组合方法。

本章总结

- iOS 图标可以分为应用图标和栏图标。
- 图标按照最大 1024×1024 像素来设计，尽量使用矢量软件或矢量工具，之后按照比例缩小到每个尺寸，再进行调整。
- 提交没有高光和阴影的直角方形图。
- 字号应为偶数，除特殊情况外 iOS 字体大小不建议低于 22 号。
- 可点击的元素或图像不得小于 44×44 像素。小于 44×44 像素的图片在切图时需要在周围留出足够的透明像素。

学习笔记

本章作业

完成iOS界面其他所有图标的制作，如图4.14所示。

图 4.14　制作其他图标

作业讨论区

访问课工场 UI/UE 学院：kgc.cn/uiue（教材版块），欢迎在这里提交作业或提出问题，你将有机会跟课工场的专家以及共同学习本书的小伙伴一起探讨切磋！

拟物化图标——日历

● 本章目标

完成本章内容以后，您将：

- ▶ 了解拟物化图标的概念。
- ▶ 了解拟物化图标的优缺点。
- ▶ 熟知拟物化图标的制作尺寸。

● 本章素材下载

- ▶ 请访问课工场UI/UE学院：kgc.cn/uiue（教材版块）下载本章需要的案例素材。

本章简介

无论是界面设计还是图标设计，扁平化风格都在逐渐盛行起来，在越来越多的人开始采用扁平化设计的同时，仍有不少人支持拟物化设计。

本章将介绍一些关于拟物化设计的基础知识，并进行图标案例制作。通过本章的学习大家会对拟物化图标制作有所了解和掌握。

理 论 讲 解

拟物化设计是以保留原始被模仿对象的各种装饰元素为基础，并由此衍生出来的一种风格。“拟物化”（skeuomorph）这个术语来源于希腊语，主要意思是一眼看到它的外在形态你就知道它是用来做什么的。1890 年开始使用这个词语的时候，是用于描述实体艺术中的技法的，但发展到今天，也开始被用来描述电脑和移动设备的交互界面风格。

5.1 拟物化设计的概念

参考视频
拟物化图标——日历图标

先做一个简单的测试，你能分辨出图 5.1 中哪幅图中的应用采用了拟物化设计吗?

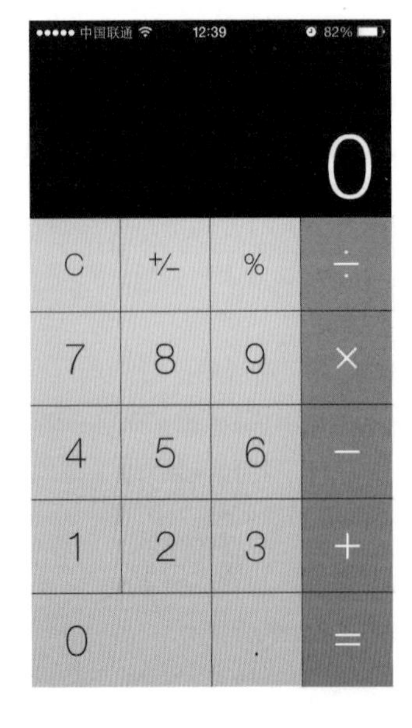

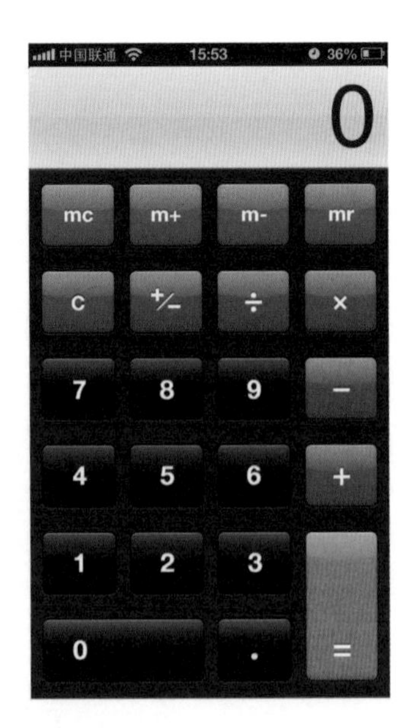

图 5.1　iOS 计算器应用界面

如果你一口咬定右图是采用了拟物化设计的应用，那么很遗憾，你答错了。想要正确地区分它们的确是一个棘手的问题，事实上，这两款应用都用了拟物化设计。为什么这么说呢？因为它们都复制了现实中计算器的布局，只不过右边的界面设计更贴近现实事物。

注意

采用拟物化设计的应用界面都会试图模仿一个现实物品的外观与功能。

再来做一个测试，你能分辨出图 5.2 中哪幅图中的图标设计采用了拟物化风格吗?

图 5.2　闹钟图标

答案是右图中的图标采用的是拟物化设计风格。

解释：两图都是对现实中的钟表所做的模仿，并没有跳出现实的框架而设计出某种全新的计时形式。不同的是，左图抛弃了渐变、阴影、高光等拟真视觉效果，打造出一种更“平”的设计风格，属于扁平化设计；右图使用渐变、材质、高光等特效处理，比左图的真实感的模拟更进一步。

由此我们得出：拟物化风格设计是模拟现实物品的造型和质感，通过叠加高光、纹理、材质、阴影等效果对实物进行再现。

拟物化设计是苹果公司已故 CEO 乔布斯所推崇的，他认为只有通过类比的方式才能弱化用户在操作时产生的恐惧感，而在交互场景中，拟物化设计可以最大化类比的效果，通过对材质的真实呈现以及通过设计来解决问题的思想可以更友好地引导用户使用触摸屏，使触摸屏变得更亲切、更真实，如图 5.3 所示。

图 5.3　iBooks 应用界面

iBooks 应用看上去与真正的书架没什么两样，甚至是连木头的质感都能看出来。这就是拟物化设计。模拟现实物品的造型和质感，通过叠加高光、纹理、材质、阴影等效果对实物进行再现，也可以适当程度地变形和夸张，界面模拟真实物体，拟物化设计会让你第一眼就认出这是什么东西，交互方式也模拟现实生活中的交互方式。

注意

拟物化的用户界面设计最早出现在视频游戏中。为了保持游戏的带入感，游戏设计师使用木质、金属和石头等材质构建新的用户界面。

5.2　拟物化设计的优缺点

在数码设备普及度不高的时代，拟物化是有效果的，尤其对于孩子和老人来说，拟物化设计更直观、学习成本更低。但是随着数码科技的发展，人们对智能终端的使用越来越熟悉，拟物化带来的好处越来越少，随之带来的是开发成本增加、审美疲劳、适配困难、响应式布局寸步难行等问题。现在，拟物化风格更多的是作为一种视觉装饰。

5.2.1　拟物化设计的优点

（1）外观与现实事物相似，用户认知和学习成本低。如图 5.4 所示是不需要学习成本就可以知道如何操作的音量调节界面，因为它和你家里的收音机音量调节的使用方法是一样的。

图 5.4　音量调节按钮

（2）交互与现实事物保持一致。按钮的各个状态都仿照现实按钮的状态进行视觉上的修饰，其交互效果也与真实事物保持一致，初识智能终端界面的用户对这类拟物化的视觉与交互都有很清晰的认知和使用习惯。

（3）动态效果高度统一，给用户以人性化的体贴。很多用户都非常喜欢 iBooks 的翻页效果体验，用它来阅读是一种享受，如图 5.5 所示。

图 5.5　iBooks 翻页效果

5.2.2 拟物化设计的缺点

需要设计师花费大量的时间在视觉的阴影和质感效果上。对于新手设计师来说，设计过程过于复杂，要求设计师有更深厚的设计功底和更熟练的软件使用。

对于智能终端尤其是智能手机刚刚开始步入人们生活的起始阶段，拟物化设计能给人以更安全、更便捷的带入感，提供更多的提示和帮助信息。但是随着智能手机和终端尺寸与分辨率上的多样化，细节繁多的拟物化设计在适配方面就显得愈加麻烦和复杂。

5.3 拟物化图标欣赏

拟物化图标设计很逼真，让人看上去就知道它的意思，表达很清晰，但要设计得如此真实，设计师的功力是必不可少的，一定要有些基础才能制作出这么漂亮而又真实的图标。如图 5.6 所示是一些优秀的拟物化图标。

图 5.6　优秀拟物化图标欣赏

5.4 启动图标的制作尺寸

Android 启动图标：按照 512×512 像素设计，可以是不规则图形，圆角较 iOS 更方正。原生 Android 启动图标有一定的景深，看起来有一定的透视角度。

iOS 启动图标：按照 1024×1024 像素和圆角 180 像素设计，光源在顶部，输出为整体的方形 jpg 图片。

实战案例

实战案例——制作拟物化“日历”图标

需求描述

制作拟物化“日历”图标，如图 5.7 所示。

图 5.7　拟物化“日历”图标

技能要点

- 形状工具的使用。
- 色彩关系的调整。
- 图层样式的控制。

实现思路

- 分拆图标，如图 5.8 所示。

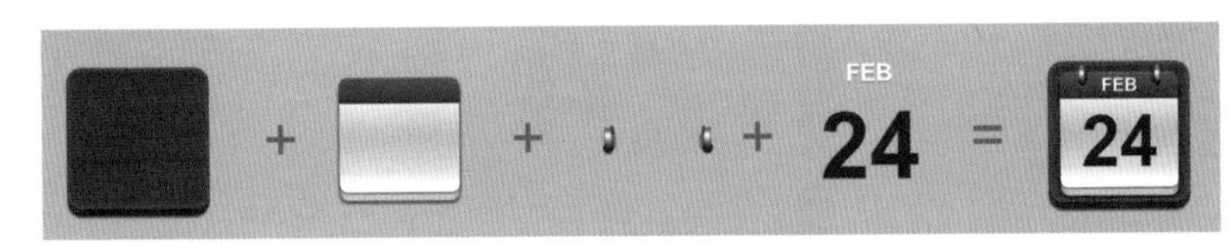

图 5.8　分拆图标元素

- 结构 / 布局制作，如图 5.9 所示。

图 5.9　结构 / 布局

➢ 给图标上色，将各大部分大致的颜色分出来，如图 5.10 所示。

图 5.10　颜色

➢ 调整光源、质感、细节，绘制出各部分的质感，加强光感，绘制出该有的反光和过渡转折，局部细节刻画，如图 5.11 所示。

图 5.11　调整光源、质感、细节

➢ 整体调整，如图 5.12 所示。

图 5.12　整体调整完成效果

本章总结

- 拟物化设计是模拟现实物品的造型和质感，通过叠加高光、纹理、材质、阴影等效果对实物进行再现。
- 拟物化设计的优点：①认知和学习成本低；②各种按钮的视觉质感和按下去之后的交互效果保持一致，养成用户对这类“东西”的统一认知和使用习惯；③人性化的体贴。
- 拟物化设计的缺点：大多数拟物化界面并没有实现功能化，只是花费大量的时间在视觉的阴影和质感效果上。

学习笔记

本 章 作 业

临摹图标，如图5.13至图5.18所示。

图 5.13　临摹作业（1）

图 5.14　临摹作业（2）

图 5.15 临摹作业（3）

图 5.16 临摹作业（4）

图 5.17 临摹作业（5）

图 5.18　临摹作业（6）

作业讨论区

访问课工场 UI/UE 学院：kgc.cn/uiue（教材版块），欢迎在这里提交作业或提出问题，你将有机会跟课工场的专家以及共同学习本书的小伙伴一起探讨切磋！

第6章

拟物化图标

● 本章目标

完成本章内容以后，您将：

- 了解拟物化启动图标设计的流程。
- 了解启动图标的设计原则。
- 掌握启动图标制作方法。

● 本章素材下载

- 请访问课工场UI/UE学院：kgc.cn/uiue（教材版块）下载本章需要的案例素材。

本章简介

作为一个 UI 初学者，在被要求或者想要制作一个图标之前，看到那些设计大师们制作的图标总是惊讶不已，热血沸腾地要立即开始。但是“热血”过后却不知道如何下手，导致时间在各种无意义的杂乱思考和“寻找素材”中被消耗掉。本章内容就是结合设计大师们的经验总结的一套流程，与大家分享：初学者怎样完成一个图标设计。

理 论 讲 解

参考视频
拟物化图标——抽屉邮件

6.1 拟物化启动图标的设计流程

启动图标是应用软件的关键组成部分，是一个非常重要的软件入口，能直接引导用户下载并使用应用程序。其主要作用有：传达应用程序的基本信息，给用户带来第一印象感受，如图 6.1 和图 6.2 所示。

图 6.1　启动图标（1）

图 6.2　启动图标（2）

设计不等于抄袭。看到一个漂亮的图标就想把它抄下来，这是一位美工或初级设计师一个很好的想法。但是你要理解和分析大师们为什么要这样设计、这样设计的好处是什么，通过学习大师们的设计创意和想法来提升自己的设计能力。在此之前，我们先来了解一下图标的设计流程。

拟物化设计是视觉和交互上都从实际出发。拿到一个拟物化项目需求之后：

第一步：从实际出发。先想想这个设计的需求是什么、什么题材可以满足这些需求、这个题材能做到很好的表达吗，然后带着问题去寻找素材、欣赏相关作品，在优秀的作品案例中得到启示，如图 6.3 所示。

图 6.3　台球 App 图标

根据项目需求选择表现风格，根据所要表达的主题选择材质等。如果所要设计的图标不是商业需求，则完全可以从自己感兴趣的题材入手，这样更能激发自己的创作欲望。

第二步：从现有图形系统出发。现有图形系统是被人们熟知和认同的图形设计，采用现有图形系统可避免引起歧义，例如图 6.4 所示的齿轮，在大部分设计中齿轮代表了“设置”。

图 6.4　设置图标

设计图标时要从现有图形系统出发，如果已有，则可以拿来作参考。

第三步：从竞品出发开始。竞品是竞争产品，即竞争对手的产品，竞品分析顾名思义是对竞争对手的产品进行比较、分析。竞品分析的内容可以大致从两个方面考虑：相同类型的产品和相似相关的产品。即从竞争对手或市场相关的产品中圈定一些需要考察的角度，得出真实的情况。

竞品可以是相同类型的、竞争对手的、跨平台（PC、Web、phone、……）的等，如图 6.5 所示。

图 6.5　360 安全卫士 PC 端界面和移动端界面

会抄袭的是美工，抄得好点的是高级美工，会分析、以用户体验为标准的则称为设计师。

6.2 启动图标的设计原则

图标设计不仅是实用物的设计，也是一种图形艺术的设计。它与其他图标艺术表现手段既有相同之处，又保有自己的设计原则。此处讲解的设计原则是根据实际工作中的经验总结出来的，不可破坏或忤逆，只有遵守才能保证 App 正确上线。

（1）严格遵守平台下的规范进行设计。

以最常用的 Android 系统和 iOS 系统为例。Android 系统设计规范相对宽松，不是很严格，但是也不能完全不予理会；iOS 系统设计规范严格，不可违背，例如 App 图标尺寸是 1024×1024 像素，如图 6.6 所示。

图 6.6　iOS 系统启动图标尺寸的设计规范

① App启动图标在设计时要考虑后期是否要印刷，设计时的像素大小直接影响后期印刷效果。

② 为了防止图片过大引起的卡机、死机现象，或后期修改带来的被动因素，设计时请尽量使用矢量软件或Photoshop中的矢量工具。

（2）考虑在各个平台实际应用中的情景。

设计必须充分考虑其实现的可行性，针对其应用形式、材料和制作条件采取相应的设计手段，同时还要顾及应用于其他视觉传播方式（如应用商店展示、印刷、广告、映像等）或放大和缩小时的视觉效果，如图 6.7 所示。

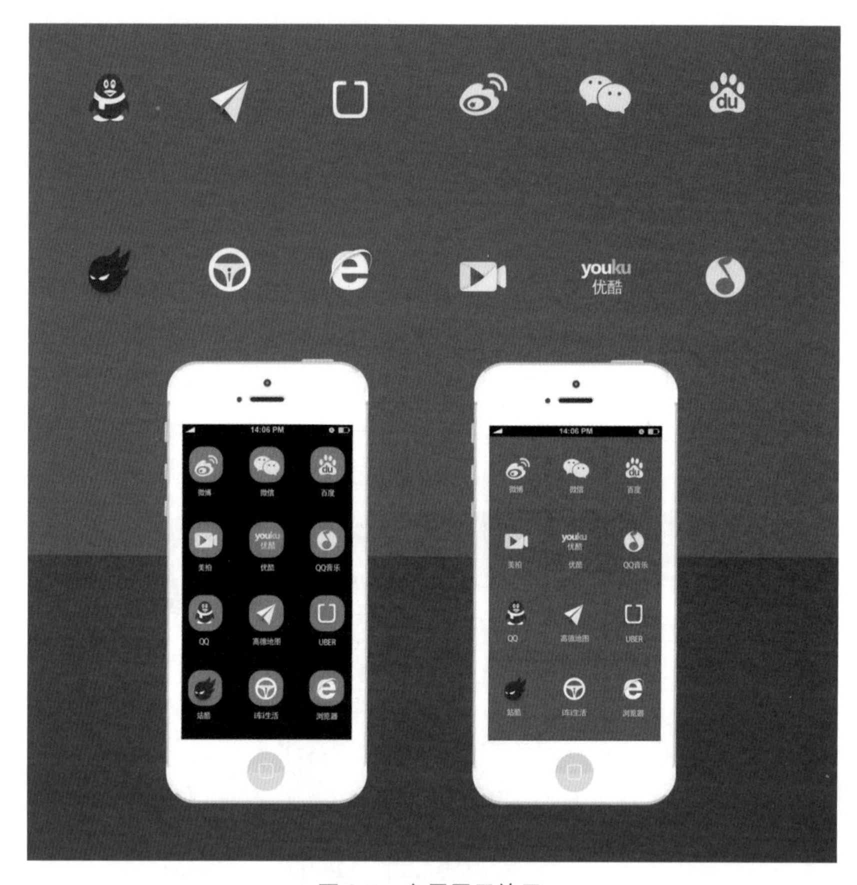

图 6.7　应用展示效果

（3）必须符合国家相关规定。

设计应在详尽明了设计对象的使用目的、适用范畴及有关法规等有关情况和深刻领会其功能性要求的前提下进行。

（4）考虑受众群体的审美需求。

设计要符合作用对象的直观接受能力、审美意识、社会心理和禁忌。选择素材要注意使用场合、敏感时期、民族情绪等。

实战案例

实战案例——制作拟物化“抽屉邮件”启动图标

需求描述

设计一个“抽屉邮件”启动图标。

- 符合平台规范：1024×1024 像素、圆角 180 像素、分辨率 72 像素。
- 在各终端上显示良好。
- 设计风格：拟物化设计。
- 符合大众的审美需求。

完成效果

完成效果如图 6.9 所示。

图 6.9　完成效果

6.3 “抽屉邮件”启动图标制作方法分析

6.3.1 图标制作步骤

图标的设计制作，简单地说就像建造房子，有了清晰的平面图纸才能添砖加瓦。设计制作图标时应对其过程步骤有清晰的把握。

- 结构、布局制作。
- 图标上色。
- 调整光源。
- 质感、细节调整。

6.3.2 通过实际案例讲解图标的设计流程

本案例就通过制作拟物化“抽屉邮件”启动图标来带领大家详细学习拟物化图标从无到有的过程。

拿到项目需求之后：

第一步：从实际出发。根据这个设计的需求找到相关素材主题“抽屉”和“邮件”，如图 6.10 所示。

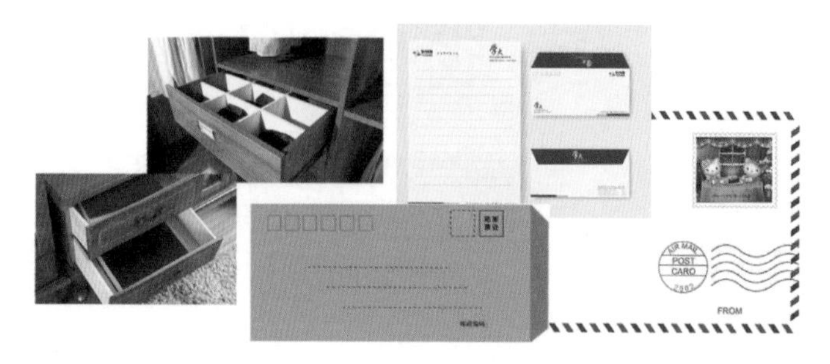

图 6.10　相关素材

搜索并分析相关素材，从中找出最适合的、最符合案例需求和主要用户审美要求的。

第二步：从现有图形系统出发。现有图形系统是被人们熟知和认同的图形设计。“邮件”的现有图形很多，@、长方形、信封都能形象地体现；“抽屉”几乎全是实物呈现，只有材质的不同，如图 6.11 所示。

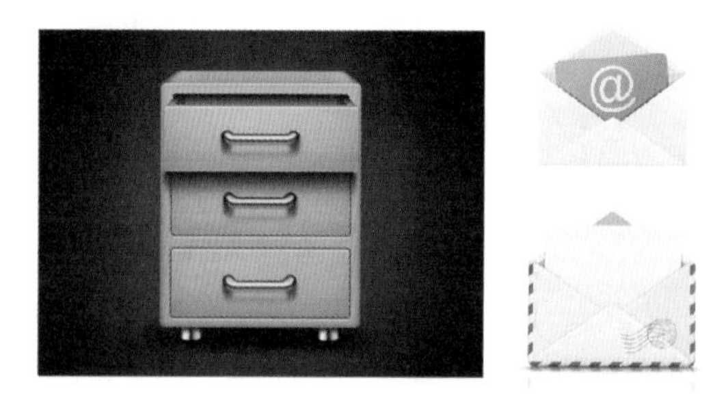

图 6.11　现有图形

第三步：从竞品出发。搜索与“邮件”相关的竞品，如图 6.12 所示。

图 6.12　相关竞品

6.4 案例实操：PS 图层样式的实际应用

技能要点

- 钢笔工具和矢量图形。
- 质感表现。
- 图层样式。
- 智能对象。
- 对齐、排列。

实现思路

- 结构、布局制作，如图 6.13 所示。
- 图标上色，如图 6.14 所示。

图 6.13　结构和布局

图 6.14　图标上色

- 调整光源，如图 6.15 所示。
- 质感、细节调整，如图 6.16 所示。

图 6.15　调整光源

图 6.16　质感、细节调整

本章总结

- 启动图标是应用软件的关键组成部分，主要作用有：①传达应用程序的基本信息；②给用户带来第一印象感受。
- 拟物化启动图标设计的流程：①从实际出发；②从现有图形系统出发；③从竞品出发。
- 启动图标的设计原则：①严格遵守平台下的规范进行设计；②考虑在各个平台实际应用中的情景；③必须符合国家相关规定；④考虑受众群体的审美需求。

学习笔记

本章作业

临摹图标，如图6.17至图6.21所示。

图 6.17　临摹图标（1）

图 6.18　临摹图标（2）

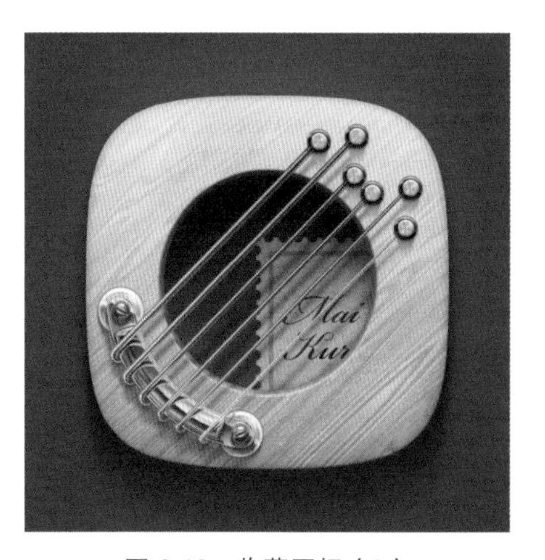

图 6.19　临摹图标（3）

图 6.20　临摹图标（4）

图 6.21　临摹图标（5）

作业讨论区

访问课工场 UI/UE 学院：kgc.cn/uiue（教材版块），欢迎在这里提交作业或提出问题，你将有机会跟课工场的专家以及共同学习本书的小伙伴一起探讨切磋！

第7章

拟物化图标——照相机

本章目标

完成本章内容以后，您将：

- 详解拟物化相机图标。
- 掌握拟物化相机图标制作方法。

本章资源下载

- 请访问课工场UI/UE学院：kgc.cn/uiue（教材版块）下载本章需要的案例素材。

本章简介

在了解了拟物化图标的设计流程和制作方法后，本章会扩展延伸，通过对拟物化相机图标的制作来讲解如何通过添加“图层样式”美化自己设计制作的图标，对看似复杂的拟物化风格的基本图形的制作和特效处理做进一步的了解和掌握。

理 论 讲 解

设计是一门需要沉淀的技艺，却恰巧遇见了日新月异的互联网文化。这让大家对流行极具敏感度，从而开始追赶潮流。在现在扁平化风格当道的大背景下看看过去一直追求的拟物化风格设计仍旧是很赏心悦目的，一方面风格这东西不存在好坏，总会有一部分人喜欢；另一方面个别程序需要趣味和亲和力，也确实有必要用到拟物化风格的界面效果。所以拟物化风格并不会彻底地退出设计舞台。

设计风格一般会经历：发展、改变，然后流行起来，这些都是无可避免的。

毕竟扁平化风格略显单调，哪怕是增加了长阴影，试想手机里充斥着满目的长阴影扁平化图标，那将是多么无趣的一件事情。极简化风格的设计也会被人看腻，而最终适当加入一些装饰元素。所以无论是拟物化还是扁平化，重点不在于追赶潮流，而是哪种风格更适合产品的设计和主要用户的审美需求。设计师设计一款应用的时候，让外观充分表现产品的内容才是王道。

7.1 拟物化相机图标案例解析

参考视频
拟物化图标——相机图标

7.1.1 项目需求

设计制作一个相机拟物化图标，如图 7.1 所示。

- 符合平台规范：1024×1024 像素、分辨率 72 像素。
- 顶部光源。

iOS平台规范严格，按照最大尺寸1024×1024像素进行设计；Android平台规范较宽泛，一般最大尺寸按照512×512像素进行设计，形状可以是不规则的图形。为了快速上线或迭代，一般都会选择iOS的平台规范进行设计。

图 7.1　相机拟物化图标最终效果

7.1.2　案例解析步骤

（1）来自生活，仿照真实，如图 7.2 所示。

1）质感表现。

2）金属圈、拉丝工艺。

3）玻璃质感、高光表现。

图 7.2　分析用图

多在现实中找自己喜欢或合适的例子来作参照或借鉴，如图 7.3 至图 7.5 所示。

图 7.3　相机（1）

图 7.4　相机（2）

图 7.5　相机（3）

（2）分析同类竞品，整理设计思路，注重图标创新，如图 7.6 和图 7.7 所示。

图 7.6　竞品（1）

1）结构、质感、细节处理。

2）找出最能体现质感的小惊喜。

3）站在巨人的肩膀上看世界。

图 7.7　竞品（2）

注意

①设计时要抓住最能体现事物的特点。
②可以通过学习别人的设计来快速地找到事物的特点。

7.2　拟物化相机图标制作方法

相机图标看上去有些复杂，可以在绘制前把每一层都分解出来，然后只需按照图示并控制好各部分的比例即可很快制作出来，如图 7.8 所示。

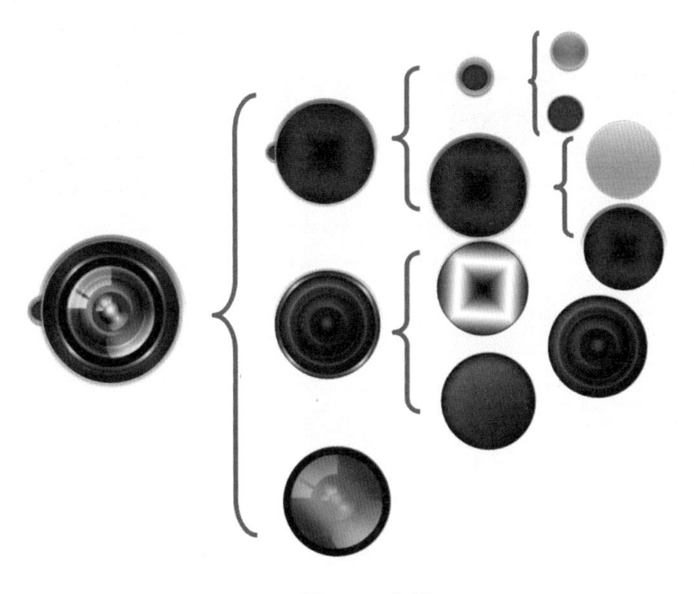

图 7.8　分解

（1）绘制金属底座部分（投影、底座、明暗交界线、高光、凹面），如图 7.9 所示。

（2）绘制中间部分，如图 7.10 所示。

图 7.9　金属底座

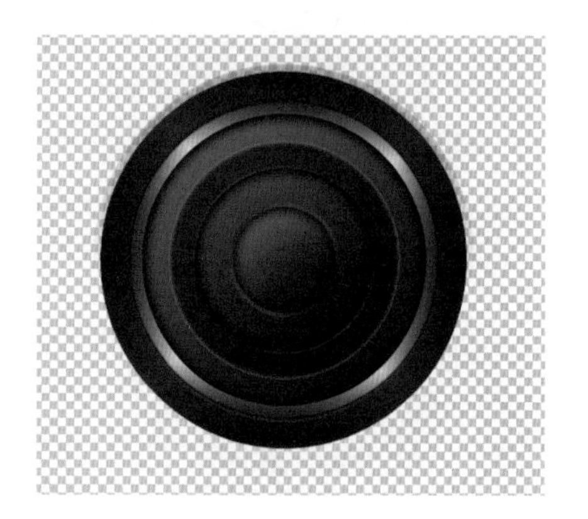

图 7.10　中间部分

（3）镜头分解，看似很复杂，但也是由图层堆砌的，只要细心耐心即可，如图 7.11 所示。

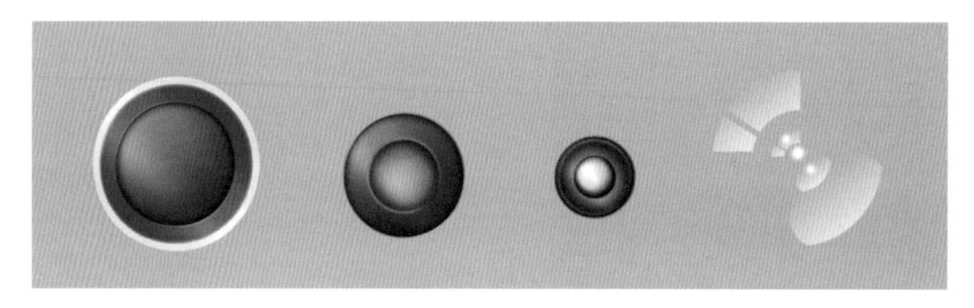

图 7.11　镜头分解

（4）按照由下至上的顺序排列得到图 7.12 所示的效果，并与底座合并。

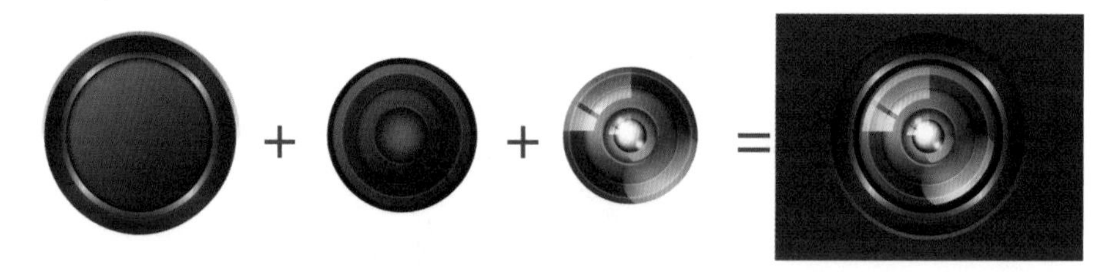

图 7.12　完成效果

7.3　制作过程中的重难点提示

（1）各个圆形之间完美对齐。

（2）熟练使用图层样式。

- 渐变叠加：线性、角度、菱形等。
- 阴影效果表现方法：投影、外发光。
- 厚度效果表现方法：内发光、斜面与浮雕、描边。
- 光感表现方法：图层混合模式的叠加、模糊、渐变叠加。

本章总结

- 拟物化还是扁平化，重点不在于追赶潮流，潮流只能影响设计外观，并且会慢慢淡去，被新的潮流所替代。设计师设计一款应用的时候，让外观充分表现产品的内容才是王道。
- iOS 平台规范严格，按照最大尺寸 1024×1024 像素进行设计；Android 平台规范较宽泛，一般最大尺寸按照 512×512 像素进行设计。

学习笔记

本章作业

临摹图标，如图7.13至图7.15所示。

图 7.13　临摹图标（1）

图 7.14　临摹图标（2）

图 7.15　临摹图标（3）

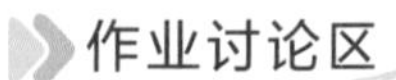

作业讨论区

访问课工场 UI/UE 学院：kgc.cn/uiue（教材版块），欢迎在这里提交作业或提出问题，你将有机会跟课工场的专家以及共同学习本书的小伙伴一起探讨切磋！

Android系统UI设计规范（一）

● 本章目标

完成本章内容以后，您将：

- ▶ 了解移动端手机界面设计原则。
- ▶ 了解Android手机界面设计技巧。
- ▶ 熟悉Android手机界面字体规范。
- ▶ 掌握安卓手机界面设计制作方法。

● 本章素材下载

- ▶ 请访问课工场UI/UE学院：kgc.cn/uiue（教材版块）下载本章需要的案例素材。

本章简介

本章将进一步对 Android 系统的手机界面进行更加系统和详细的讲解，希望大家通过本章的学习对 Android 系统的手机界面设计有更深一步的认识和理解。本章还对 UI 设计时 Photoshop 的技巧进行了整理和分享；对素材的选择和积累提出了很好的意见和建议。

理论讲解

参考视频
Android 手机界面设计（1）

8.1 移动端手机界面设计原则

8.1.1 移动设备的概念

移动设备也被称为行动装置（Mobile device）、流动装置、手持装置（handheld device）等，是一种口袋大小的设备，通常有一个小的显示屏幕，触控输入或是小型的键盘，因此可以通过它随时随地访问互联网，以获得各种信息，这类设备很快变得流行起来。

目前主要的移动终端设备包括智能手机、平板电脑 PDA、笔记本电脑，以及各种特殊用途的移动设备，如车载电脑系统等。基于大众普及率的影响，目前移动互联设备以智能手机与平板电脑为主，如图 8.1 所示。

图 8.1 移动设备

8.1.2 移动设备界面的设计原则

佛靠金装，人靠衣装，打扮也是很要紧的。人如此，商品、软件亦是如此。一套完善实用的用户界面会基于其主要用户的思考方式和硬件的工作方式来进行设计，而不是基于设计师或制作商家的意向。一款外观精美、符合认知习惯的界面往往能够与程序功能很好地结合，给用户带来舒适的操作体验。

由于移动设备的便携性、位置的不固定性和运算能力的有限性，移动界面设计又具有自己的特点：简洁、高效、反馈、情感化、一致性。

（1）简洁。

简洁是为了突出内容，不让用户被不必要的内容所干扰，让用户在很小的屏幕上聚焦更主要的内容，如图 8.2 所示。

图 8.2　简洁

（2）高效。

随着越来越快的互联网节奏，高效的移动设计是一个产品成功的关键，减少等待、敏捷稳定的操作是留住用户的重要因素。这适用于几乎所有的应用。用户不想等待（不愿意花费更多的时间），用户不想不停地跳转去找想看的内容，用户不想用时刻都需要点击的应用，如图 8.3 所示。

（3）反馈。

对于移动端设备，及时有效的反馈设计有着举足轻重的作用，用户在不同的环境下可能受到的影响不同，这时就需要界面提供更加有效的反馈，如图 8.4 所示。

BELL
4:21 PM
22%
柠檬瘦
用户名
密码
忘记密码
登陆
注册
第三方登录
微博
微信
QQ

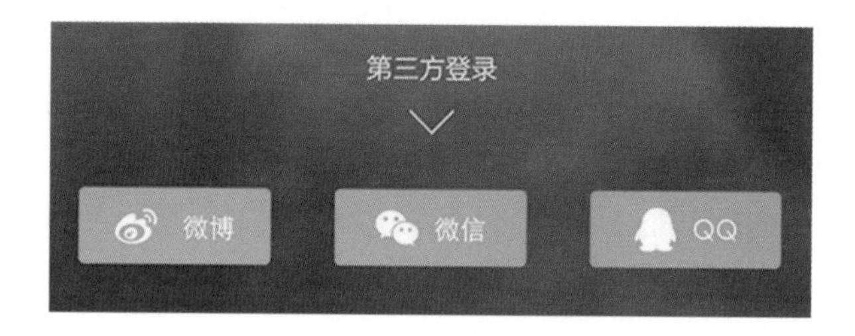
第三方登录
微博
微信
QQ

图 8.3　高效

中国移动
00:42
LOFTER
夏至沿阳
文章
喜欢
粉丝
关注
T
文字
图片

图 8.4　反馈

（4）情感化。

现在的设计越来越重视情感，显然这是一种令人愉悦的设计理念，可以让用户对冷冰冰的设备投入更多的感情。

富有情感的设计会让用户倍感愉悦，情感化的文案会让用户感到贴心：可以在用户等待时使用一些合适的互动效果；当用户遇到问题时可以有贴心的反馈。适时适景适当的情感化设计是必不可少的，如图 8.5 所示。

图 8.5　情感化

（5）一致性。

保持界面的一致性能使用户沿用以往学过的知识和技能，从而快速学会不同功能的操作方法。

一致性可以使一个产品更加易用，降低用户的学习成本，带来更加便捷的体验，如图 8.6 所示。

UI 界面中一致性的使用有以下 3 个好处：

- 用户使用之后会建立一个精确的心理模型，在熟练了一个界面后，切换到另一个界面可以轻松地推测主要功能，其操作也更易于用户理解。
- 一致性的界面可以让用户轻松学会操作，不需要提供更多的帮助和引导。

➢ 提供很赞的视觉效果，给用户一种高度统一的视觉风格，界面更加简洁有序，带来更多的用户满意度和体验度。

图 8.6　一致性

8.2　Android 手机界面设计基础

8.2.1　Android简介

Android 的本义是指“机器人”，同时也是 Google 于 2007 年 11 月 5 日宣布的基于 Linux 平台的开源手机操作系统的名称，该平台由操作系统、中间件、用户界面和应用软件组成，号称是首个为移动端打造的真正开放和完整的移动软件。

Android 是一个全身绿色的机器人，它的躯干就像锡罐的形状，头上还有两根天线，其设计灵感源于男女厕所门上的图形符号，它诞生于 2010 年，如图 8.7 所示。

绿色是 Android 的标志。颜色采用漂亮的绿色（#A4C639）来绘制，给人以安全、稳定、活泼的感觉，这是 Android 操作系统的品牌象征。有时候，它们还会使用纯文字的 Logo，如图 8.8 所示。

图 8.7　Android 的图形 Logo

图 8.8　Android 的文字 Logo

8.2.2 Android App特性

（1）开放性。

有数据显示，2014 年第四季度 Android 超过诺基亚 Symbian 成为全球第一大智能手机操作系统。Android 操作系统的火热催生了一股基于该平台的应用商店热潮。不仅是谷歌自己推出了手机应用商店 Android Market，其他搭载该系统的手机厂商也纷纷推出 Android 应用商店。

如此多的力量涌入 Android 应用商店，其中一个很重要的原因是谷歌一直秉持“开放性”理念。Android 软件的准入门槛比较低，开发者所开发的程序更容易被上传到应用商店并获得用户的认可。

（2）华丽的 UI 界面。

虽然 Android 的开放性为应用的自主发挥带来最大的可能性，但是与 iOS 相比，Android App 界面设计存在各种不协调，本身缺乏统一的规范。但如果系统本身能够提供标准的范例，也未必是一件坏事，毕竟许多软件并不一定需要独创的 App 界面设计。

从 Android 4.0 开始，Android App 界面系统在一致性上有了许多改善，逐渐形成一套统一的规则和界面。这是否意味着一切应用必须遵循规范呢？答案是不一定。比如 Path 的 App 界面，就未必符合原生 Android 平台提供的参考规范，如图 8.9 所示。

图 8.9 Path 的 App 界面

Path 在英语中的解释是“路”。

正如官方介绍的，Path 是一条聪明的旅途，可以帮助你与所爱的人分享：你的想法、你在听的音乐、你所处的位置、伴你左右的人等，当然作为一款经典的国外应用程序，Path 只支持 Twitter 和 Facebook 等社交网络，很遗憾它的功能在中国市场大打折扣，用户使用率较之国外市场非常低。

Path 1.0 采用了一个横条的缩略图作为图片 Timle 的主要表现形式，这种风格让以照片流为主的 Timeline 显得非常有韵味，后来这个风格被不断地模仿。

Path 2.0 采用了抽屉式导航的模式，这种导航风格大大扩展了 App 的可利用空间，同时让核心功能足够突出，底部将所有的功能性操作缩略到一个按钮上，只要你需要，点击一次就可以执行你操作的功能，直到现在这种抽屉式风格依然是主流模式。

Path 3.0 在 App 的交互中加入了声音的元素，对时间轴的使用更娴熟频繁，登录界面由单一图片改为轮播背景。Logo 及界面都呈现出平面化的趋势，很有质感。时间轴、轮播背景图的登录界面平面化应该也会成为趋势。

如果有开创性的界面，能保证易用性，则可以大胆创新。在遵守规范的前提下进行可操作的创新。

8.3 Android 界面设计尺寸规范

8.3.1 界面尺寸及分辨率

相信很多人都在开发设计 App 时遇到过很多界面上的问题，如要以多大尺寸来设计、分辨率是多少、该怎么切图等。

下面就给出一点点技巧总结，希望同学们在认真学习的前提下结合团队在开发时的习惯进行理解和制作。每位工程师们所使用的控件、书写代码的习惯在实际移交设计图时多少都存在一定的差异，但八九不离十，都是遵循一个原则：便捷开发、自适应性强的开发模式。

Android 界面尺寸：480×800 像素、720×1280 像素、1080×1920 像素。

分辨率：72 像素。

在目前 Android App 设计项目当中，我们并不会去为每一种分辨率设计一套 UI 界面。这是一种追求完美和理想的状态，小公司肯定是耗不起的，所以这个时候我们需要学会变通。为了适应多分辨率：

（1）在标准基础（720×1280 像素）上开始，然后放大或缩小，以适应到其他尺寸。

（2）从设备的最大尺寸（1080×1920 像素）开始，然后缩小，并适应到所需的最小屏幕尺寸。

在实际开发过程中，Android和iOS的设计稿若无太大差异，也可从iOS的分辨率（960×640像素）开始，再调整设计稿的比例，以适应其他分辨率。但是这种方法在切图的时候需要做一些图片的调整。如果不是矢量图的元件则需要重新按照1280×720像素的尺寸设计一下。

8.3.2 界面基本组成元素

Android 的 App 界面主要由状态栏、导航栏、主菜单栏和中间的内容区域 4 个元素组成。

（1）状态栏：信号、运营商、电量等显示手机状态的区域，如图 8.10 所示。

图 8.10 状态栏

（2）导航栏：显示当前界面的名称，包含相应的功能或者页面间的跳转按钮，如图 8.11 所示。

图 8.11 导航栏

（3）内容区域：展示应用提供的相应内容，整个应用中布局变更最为频繁，如图 8.12 所示。

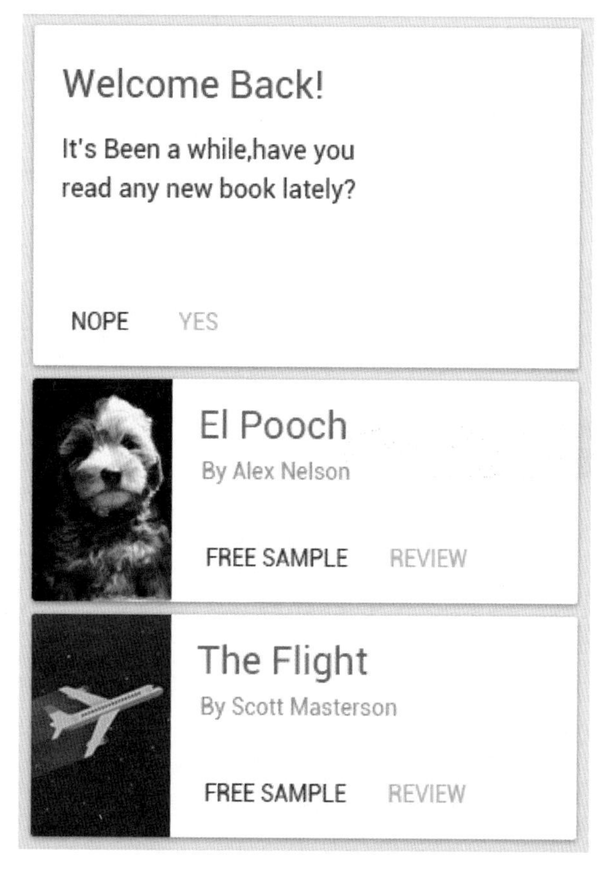

图 8.12 内容区域

（4）主菜单栏：类似页面的主菜单，提供整个应用的分类内容的快速跳转，如图 8.13 所示。

图 8.13　主菜单栏

下面选用 720×1280 像素的尺寸设计对界面基本组成元素的具体尺寸进行讲解（其实导航栏和主菜单栏中的每一个应用都可能不一样，Android 对尺寸没有太明确的数据规范），如图 8.14 所示。

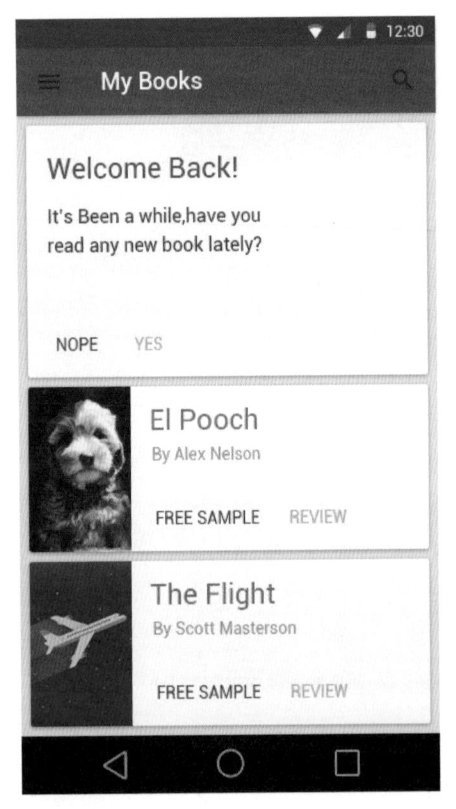

状态栏高度：50px

导航栏高度：96px

主菜单栏高度：96px

内容区域高度：1038px（1280-50-96-96=1038）

图 8.14　界面组成元素的尺寸

注意

Android最近出的手机几乎都去掉了实体键，把功能键移到了屏幕中，其高度和菜单栏的高度相同。

Android 为了在界面上区别于 iOS，Android 4.0 开始提出了一套 HOLO 的 UI 风格，一些 App 的最新版本都采用了这一风格，这一风格最明显的变化就是将下方的主菜单栏移到了导航栏下面，这样的方式解决了现在很多手机去除实体键后在屏幕中显示而出现的双底栏的尴尬情景，如图 8.15 所示。

图 8.15　HOLO 的 UI 风格

注意

谷歌Android Design发展已经产生了很多不同方向的设计，Holo Theme是Android Design 的一部分，是 Android Design 最基本的表现形式之一。给大家推荐几个算是Android holo设计风格的代表作的Android App ：谷歌拼音输入法、微信、豌豆荚App、豆瓣FM 。

8.3.3　字体规范

在 Android 上最受欢迎的字体是 Droid sana fallback，它是谷歌自己的字体，与微软雅黑很像；中文字体为方正兰亭黑体（注意方正字体的版权问题）或微软雅黑，如图 8.16 所示。

注意

推荐大家尽量使用各个平台相应的规范字体，但是总会出现一些特殊的创意或情形而不得不选择其他字体。建议尽量选择经典字体而不要选择怪异、夸张的字体。经典字体主要包括英文的各种黑体、罗马体、哥特体和手写体，汉字的各种黑体、宋体和楷体等。

Android 4.0 之后，随着智能手机更新迭代速度的加快，Roboto 字体在新设备上越来越流行，大有冲击之势，如图 8.17 所示。

Droid Sans Fallback
安卓APP标准中文字体

壹贰叁肆伍陆柒捌玖拾
ABCDEFGHIJKLMNOPQRSTUVWXYZ1234567890

图 8.16　Android 所用字体效果展示

ABCDEFGHIJKLM
NOPQRSTUVWXYZ
abcdefghijklm
nopqrstuvwxyz
0123456789!?#
%&$@*{(/|\)}

Roboto
SUNGLASSES
Self-driving robot ice cream truck
Fudgesicles only 25¢
ICE CREAM
Marshmallows & almonds
#9876543210
Music around the block
Summer heat rising up from the sidewalk

图 8.17　Droid sana fallback 字体 vs Roboto 字体

下面选用 720×1280 像素的尺寸设计对字体的具体大小进行讲解。

注释最小字体：24px。

文本字体：28px。

文章标题或图标名称：32px。

导航标题：36px。

字体设计大小没有规范。短标题字体大小为 36px ～ 40px，其他为 24px ～ 32px，具体根据整体视觉来设计字体大小。教你一个最笨的方法，找自己喜欢的 App 界面，手机截图后放进 Photoshop 自己比对调节字体的大小，记住一定要是高清截图。

通常一个应用应该只用一种或两种字体，包括它们的不同样式（粗体、斜体等）。多种字体的混合会让界面看上去显得凌乱且不可靠。另外需要注意的是，不同的字体，同样是12号字，显示的大小可能会不一样。

实 战 案 例

实战案例——制作邮箱（Android ）界面

案例描述

制作 Android 的“邮箱”界面，效果如图 8.18 所示。

图 8.18　最终效果

案例分析

本案例主要讲解 Android 中“邮箱”界面的制作过程，案例中包括的知识点较多，但制作起来并不难。在制作过程中要注意对齐图层和调整每个图形元素之间的距离。制作时可以使用参考线来规范每一条直线的距离。

技能要点

- 钢笔工具、形状工具的使用。
- 色彩关系的调整。
- 图层样式的控制。

实现思路

- 分析界面：此界面由状态栏、内容区域和主菜单栏组成。
- 结构布局制作：利用参考线把相对应的结构尺寸划分出来（导航栏不作为此界面的主要内容，但是高度尺寸要标示出来），如图 8.19 所示。

图 8.19　结构布局划分

- 利用 Photoshop 的相关制作工具进行界面组成元素的设计制作。

在界面的制作过程中，可以直接将相关的图层编组，然后复制组并将其向下移动，最后打开编组直接修改图层内容。

本章总结

- 移动设备界面的设计原则：简洁、高效、反馈、情感化、一致性。
- Android App 的特性：开放性、华丽的 UI 界面。
- Android 界面尺寸：480×800 像素、720×1280 像素、1080×1920 像素。
- Android 的 App 界面主要由状态栏、导航栏、主菜单栏和中间的内容区域 4 个元素组成。
- Android 最近出的手机几乎都去掉了实体键，把功能键移到了屏幕中。
- Android 上最受欢迎的字体是 Droid sana fallback，它是谷歌自己的字体，Android 4.0 之后用的字体是 Roboto，中文字体为方正兰亭黑或微软雅黑。

学习笔记

本 章 作 业

临摹优秀的Android界面，如图8.20所示。

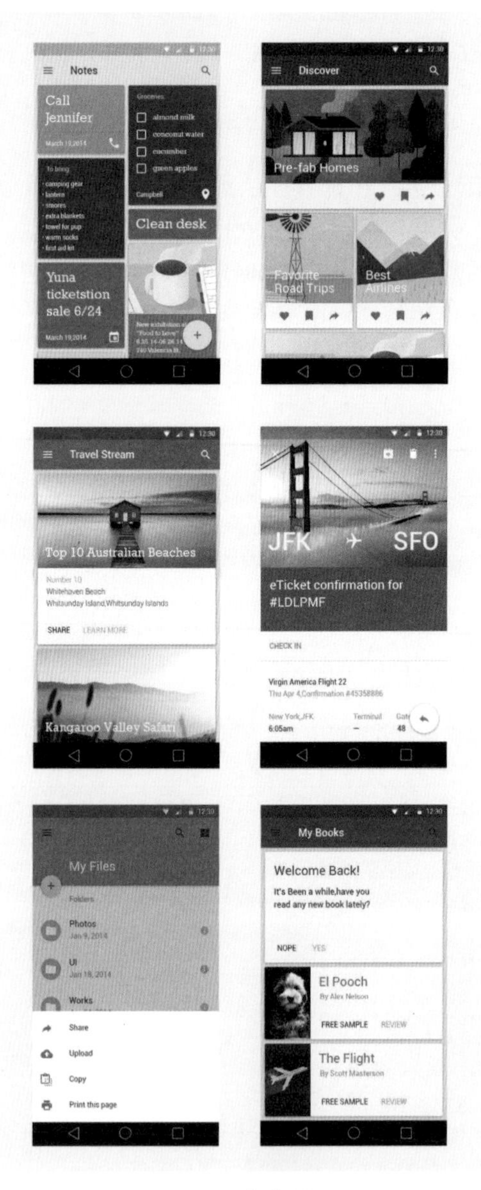

图 8.20 临摹界面

作业讨论区

访问课工场 UI/UE 学院：kgc.cn/uiue（教材版块），欢迎在这里提交作业或提出问题，你将有机会跟课工场的专家以及共同学习本书的小伙伴一起探讨切磋！

Android系统UI设计规范（二）

● 本章目标

完成本章内容以后，您将：

- 学会从设计师的角度理解px和dp。
- 了解Android 系统的图标设计规范。
- 熟悉原生Android界面的色彩参考。
- 掌握Android界面尺寸标注方法。

● 本章素材下载

- 请访问课工场UI/UE学院：kgc.cn/uiue（教材版块）下载本章需要的案例素材。

本章简介

设计真正伟大的用户界面并没有什么神奇的奥秘可言，做到从用户体验出发、从产品需求出发、保持产品简单易用就可以了。“保持简单易用”意味着以用户为中心，不要让用户分心。本章主要讲解 Android 系统下 360 手机卫士界面的设计制作，其间包括了扁平化风格的运用。通过本章的学习可以达到独立设计常用 App 界面的目的。

理 论 讲 解

参考视频
Android 手机界面设计（2）

9.1 从设计师的角度理解 px 和 dp

px（像素）：像素是构成数码影像的基本单元，通常以像素每英寸（pixels per inch，PPI）为单位来表示影像分辨率的大小，是 UI 设计师在 Photoshop 中最常使用的单位之一。它是一张图片中最小的点，一张位图就是由许许多多这样的点构成的。

dp（设备独立像素）：常用于 Android 系统，方便其不同版本之间的适配。不同的像素密度的设备上有不同的显示效果，和设备硬件有关。比如，在 320×480 分辨率，像素密度为 160，1dp=1px；在 480×800 分辨率，像素密度为 240，1dp=1.5px；在 720×1280 分辨率，像素密度为 320，1dp=2px；在 1080×1920 分辨率，像素密度为 480，1dp=3px，如图 9.1 所示。

屏幕大小	换算
320x480	1dp=1px
480x800	1dp=1.5px
720x1280	1dp=2px
1080x1920	1dp=3px

图 9.1　px 和 dp 转换

为什么 Android 界面上会产生多种屏幕尺寸（small、normal、large、xlarge）和密度（Ldpi、Mdpi、Hdpi、XHdpi、XXHdpi）呢，如图 9.2 所示。

密度	Ldpi	Mdpi	Hdpi	XHdpi	XXHdpi
密度值	120	160	240	320	480
代表分辨率	240×320	320×480	480×800	720×1280	1080×1920

图 9.2　尺寸和密度表

主要原因就是 Android 系统手机屏幕多样化，目前比较主流的尺寸就是 720×1280 像素、1920×1080 像素的智能安卓手机。

Android手机屏幕很多，一般市面上常用的Android手机最大的尺寸是1920×1080 像素，最小的是240×320像素，中间跨度很大。Android的支持多屏幕机制即用于为当前设备屏幕提供一种合适的方式来共同管理并解析应用资源。

下面通过一个实际工作案例来为大家进行更细致的讲解。

- 画布大小设置为 720×1280 像素，分辨率为 72 像素。
- 建议界面中可点击区域的尺寸使用偶数单位，比如 96 px 的列表项高度、16 px 的边距、64 px 的图标边长。
- 建议使用双数字号，如 24 pt、28 pt、36 pt、44 pt。
- 在 Photoshop 中设计完成界面后，标注的时候所有尺寸的 px 值除以 2 得出相应的 dp 值交给程序员作为后续工作的指导。
- 所有字体的 pt 值除以 2 作为 sp 数值交给程序员。

为什么要选择 720×1280 像素这个尺寸呢?

因为虽然现在比较高的分辨率已经支持到 1080×1920 像素，大家可以选择这个尺寸作图，但是图片素材将会增大应用安装包的大小，并且尺寸越大的图片占用的内存也就越高。所以在实际设计工作中，设计师可以从 720×1280 像素开始设计界面，因为这个尺寸兼顾了美观性、经济性并提供更简单的 dp 换算。

美观性是指，以这个尺寸做出来的应用，在 720×1280 屏幕中显示完美，在 1080×1920 屏幕中放大之后也仍旧比较清晰。

经济性是指，这个分辨率下导出的图片尺寸适中，内存消耗不会过高，并且图片文件大小适中，安装包也不会过大。

更简单的换算就是 1dp=2px，非常好计算。

随着科技的发展，智能手机不断地更新迭代，屏幕尺寸不断增大，越来越多的设计师也开始使用1080×1920像素这个尺寸来进行设计。请大家在实际项目操作时，根据实际情况进行设计和制作。

9.2 Android 界面中的图标规范

Android 上每个应用程序都有属于自己的图标，这些图标大都精致美观，能充分吸引用户的注意力。Android 设备的种类多种多样，那么究竟不同的设备和程序所使用的图标尺寸是多大呢？图 9.3 所示的表格中提供了更多的参考和借鉴。

屏幕大小	启动图标	操作栏图标	小图标/场景图标	系统通知图标	最细画笔
320×480 px	48×48 px	32×32 px	16×16 px	24×24 px	不小于2 px
480×800 px 480×854 px 540×960 px	72×72 px	48×48 px	24×24 px	36×36 px	不小于3 px
720×1280 px	96×96 px	64×64 px 实际区域 (48×48 px)	32×32 px 实际区域 (24×24 px)	48×48 px 实际区域 (44×44 px)	不小于4 px
1080×1920 px	144×144 px	96×96 px	48×48 px	72×72 px	不小于6 px

图 9.3　图标尺寸

1. 启动图标

➢ 启动图标在“主屏幕”和“所有应用”中代表你的应用程序的入口，所以要确保启动图标在任何背景和使用场景下都清晰可见。

➢ 大小和缩放：移动设备上启动图标的大小是 48×48dp，在电子市场中启动图标的大小是 512×512px，如图 9.4 所示。

默认的界面规格	320x480（Mdpi）	480x800（Hdpi）	720x1280（XHdpi）	1080x1920（XXHdpi）
图标类型	48x48px	72x72px	96x96px	144x144px
启动图标				

图 9.4　启动图标

2. 操作栏图标

➢ 操作栏图标是 App 中最常用到的图标。在操作栏和列表中都会用到，覆盖的范围极其广泛。

➢ 大小和缩放：移动设备上操作栏大小应当是 32×32dp，图像资源大小为 32×32dp，图形区域尺寸为 24×24dp，如图 9.5 所示。

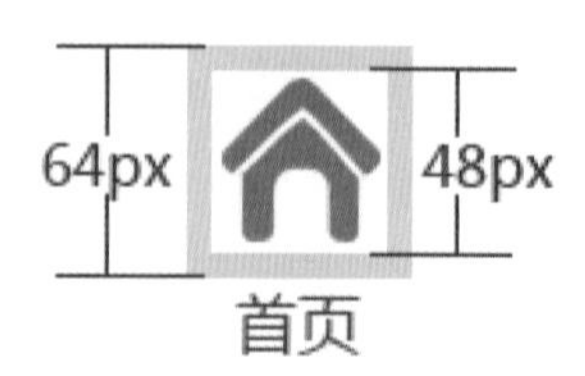

图 9.5　操作栏图标

3. 小图标

- 一般在表示特定状态的地方会需要使用小图标。
- 大小和缩放：移动设备上小图标大小应当是 16×16dp，图像资源大小为 16×16dp=24×24px（WVGA）=32px（RETINA），图形区域尺寸为 12×12dp=18×18px（WVGA）=24px（RETINA），如图 9.6 所示。

默认的界面规格	480x800，PPI=240	720x1280，PPI=320
图标大小（dp）	12	12
图标大小（px）	18	24
切图尺寸（dp）	16	16
切图尺寸（px）	24	32

图 9.6　小图标

9.3　原生 Android 界面的色彩参考

（1）使用不同颜色可以很好地强调信息之间的比重关系。选择适合的颜色，并且提供不错的视觉对比效果是设计师在设计 App 界面时需要着重考虑的事情。注意红色和绿色对色弱的人来说可能无法分辨。蓝色是 Android 调色板中的标准颜色。每一种颜色都有相应的深色版本以供使用，如图 9.7 所示。

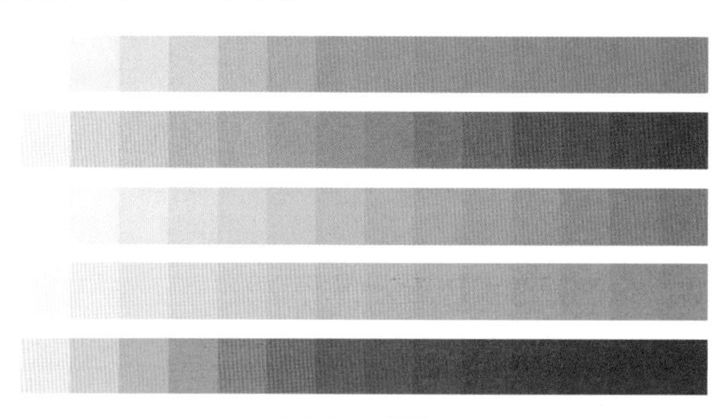

图 9.7　颜色

（2）在 Gmail 应用中，使用黄色的星形图标表示重要的信息。如果图标是可操作的，则使用和背景色形成对比的颜色，如图 9.8 所示。

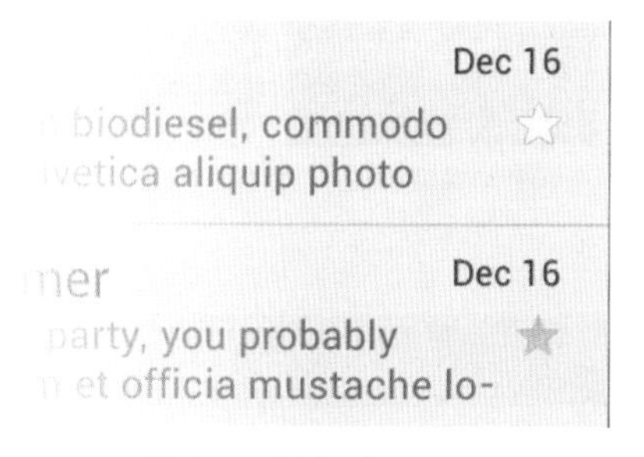

图 9.8　颜色对比

9.4 Android 界面尺寸标注

众所周知，对追求高还原的移动端 App 产品来说，设计稿上的精确尺寸标注是必不可少的一步。作为一名合格的 UI 设计师，应该在与程序员沟通好的基础上，尽最大努力为他们提供最全的设计规范和设计标注等信息。

1. 标注内容

根据不同的平台、不同的开发方法，可能程序员需要不同的标注。标注的内容主要有：

- 控件的绝对坐标、大小、间距。
- 文字的字号、行距、色值。
- 列表项。
- 图形等。

“课工场”移动端的界面标注示例图如图 9.9 至图 9.11 所示。

图 9.9　首页

图 9.10　分类

图 9.11　登录

标注的内容要标哪些，最好还是提前与程序员交流一下，商量好相应的适配方案，不要做无用功，因为很多标了程序不需要,需要的又没标，还得后期补标。

2. 标注工具

（1）马克鳗。

马克鳗使用起来非常简单，双击添加测量、单击改变横纵方向等功能基本都是一键完成，极大地节省了设计师在设计稿上添加和修改标注的时间，让设计更有爱，如图 9.12 所示。它可以跨平台使用，减少了在不同平台上使用产生的一系列问题。

图 9.12　马克鳗

（2）PxCook。

PxCook 的优点在于将标注和切图这两项设计完稿后最棘手的工作集成在一个软件内完成，流程很顺畅，而且支持 Windows 和 Mac 双平台，如图 9.13 所示。

图 9.13　PxCook

（3）Sketch.app Measure 标注神器。

这是一款 Sketch 设计软件的插件，只适合苹果电脑使用，如图 9.14 所示。

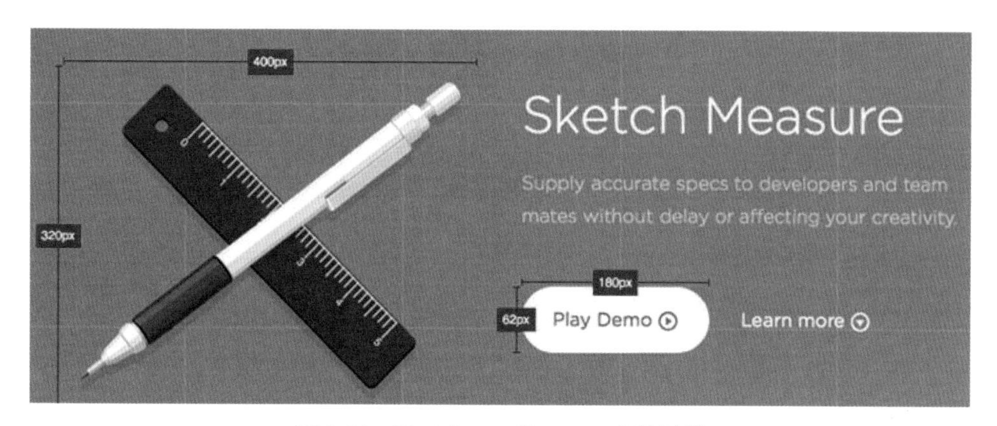

图 9.14 Sketch.app Measure 标注神器

（4）腾讯免费设计工具 Dorado。

腾讯 CDC 推出其免费的微型设计专用工具 Dorado，能够为设计稿进行尺寸标注和界面取色标注，适用于所有设计师、界面与网页前端设计开发者，如图 9.15 所示。

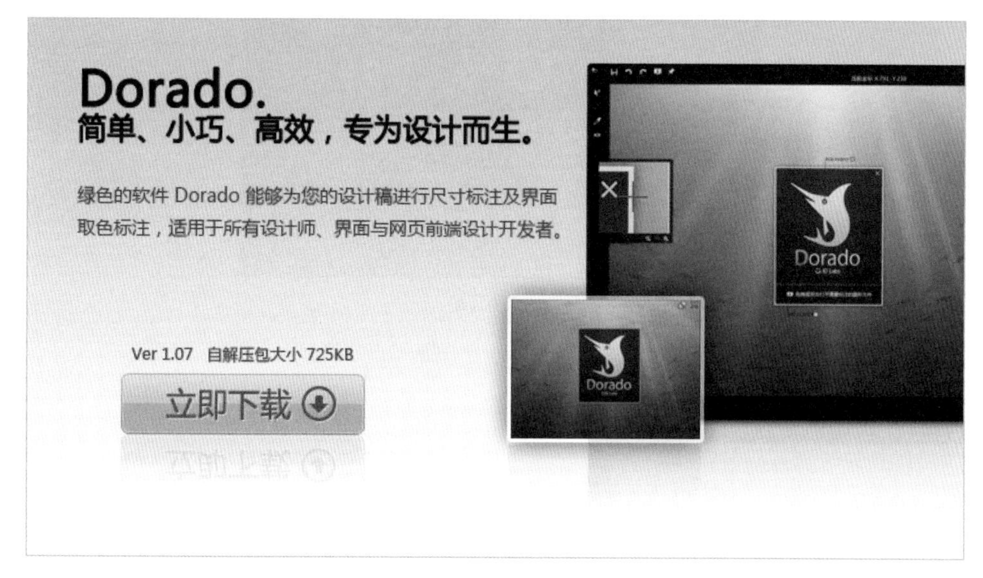

图 9.15 Dorado

实战案例

实战案例——Android 系统下的 360 安全卫士界面

案例描述

制作 Android 系统下的 360 安全卫士界面，效果图如图 9.16 所示。

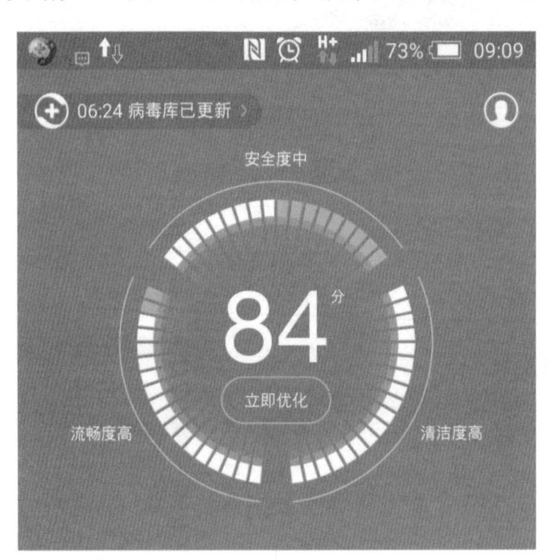

图 9.16　最终效果

案例分析

本案例主要讲解 Android 系统下的 360 安全卫士界面的制作过程。界面以绿色为主，大面积留白的彩色搭配，减少材质和光效的运用，图标和控件基本都是单色无渐变的，整体风格简洁、轻薄、直观、平面化。在制作过程中要注意对齐图层和调整每个图形元素之间的距离。

技能要点

- 钢笔工具、形状工具的使用。
- 图层蒙版的使用。
- 色彩渐变的使用。
- 网格、参考线的使用。

实现思路

- 分析界面。此界面由状态栏、内容区域和主菜单栏组成。
- 结构布局制作。利用参考线把相对应的结构尺寸划分出来（导航栏不作为此界面的主要内容，但是高度尺寸要标示出来），如图 9.17 所示。

图 9.17　结构布局划分

➢ 进行界面组成元素的设计制作，如图 9.18 所示。

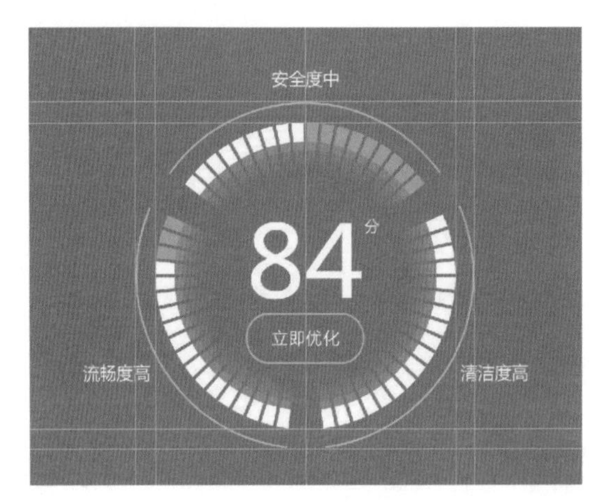

图 9.18　元素制作

➢ 界面标注，如图 9.19 所示。

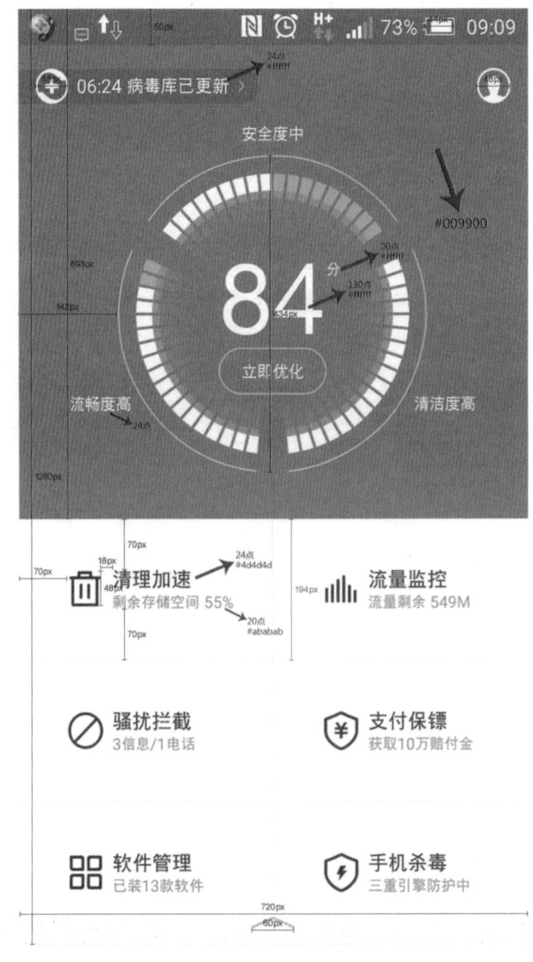

图 9.19　界面标注

本章总结

- px（像素）是 UI 设计师在 Photoshop 中最常使用的单位之一，它是一张图片中最小的点，一张位图就是由许许多多这样的点构成的。
- 720×1280 像素这个尺寸兼顾了美观性、经济性和计算的简便性。
- 美观性是指，以这个尺寸做出来的应用，在 720×1280 屏幕中显示完美，在 1080×1920 屏幕中看起来也比较清晰。
- 标注的内容主要有：①控件的绝对坐标、大小、间距；②文字的字号、行距、色值；③列表项；④图形等。
- 标注工具：马克鳗、PxCook、Sketch.app Measure 标注神器、Dorado。

学习笔记

本 章 作 业

1. 临摹界面并进行标注，如图9.20至图9.22所示。

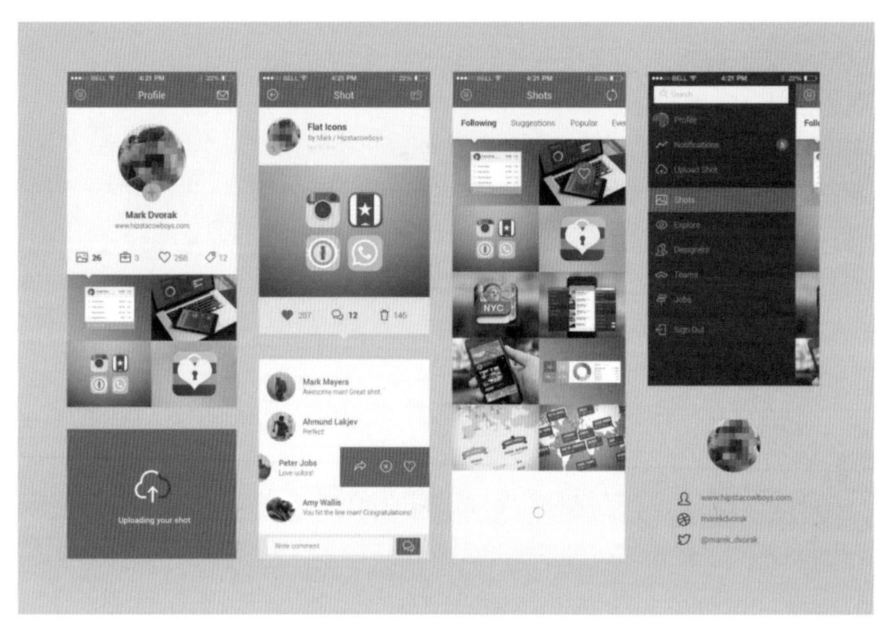

图 9.20　临摹界面并标注（1）

图 9.21　临摹界面并标注（2）

图 9.22　临摹界面并标注（3）

2. 重新改版课工场手机端的首界面和二级界面并进行完整的标注。

作业讨论区

访问课工场 UI/UE 学院：kgc.cn/uiue（教材版块），欢迎在这里提交作业或提出问题，你将有机会跟课工场的专家以及共同学习本书的小伙伴一起探讨切磋！

iOS系统UI设计规范（一）

● 本章目标

完成本章内容以后，您将：

- ▶ 了解iOS的基本情况。
- ▶ 了解iOS 6与iOS 7界面风格的异同点。
- ▶ 熟悉iOS手机界面的尺寸规范。

● 本章素材下载

- ▶ 请访问课工场UI/UE学院：kgc.cn/uiue（教材版块）下载本章需要的案例素材。

本章简介

iOS 是由苹果公司开发并应用于 iPhone 手机、iPad 和 iPod touch 等手持设备的操作系统。iOS 系统的操作界面精致美观，系统稳定可靠，应用程序简单易用，受到全球用户的青睐。

本章主要介绍 iOS 系统的发展史、iOS 拟物化风格和扁平化风格的主要区别、iOS 界面元素，以及元素的设计规范和制作方法。

理 论 讲 解

参考视频
iOS 手机界面设计（1）

10.1 iOS 系统简介

iOS 是由苹果公司开发的手持设备操作系统。苹果公司最早于 2007 年 1 月 9 日的 Macworld 大会上公布这个系统，最初是设计给 iPhone 使用的，后来陆续套用到 iPod touch、iPad、Apple TV 等苹果产品上。iOS 与苹果的 Mac OS X 操作系统一样，也是以 Darwin 为基础的，因此同样属于类 UNIX 的商业操作系统。原本这个系统名为 iPhone OS，直到 2010 年 6 月 7 日的 WWDC 大会上宣布改名为 iOS。图 10.1 所示苹果公司大楼。

图 10.1　苹果公司大楼

苹果全球开发者大会的英文全称是Apple Worldwide Developers Conference，简称WWDC，每年定期由苹果公司在美国举办。大会主要的目的是让苹果公司向研发者们展示最新的软件和技术。

iOS 具有精致美观、简单易用的操作界面、数量惊人的应用程序，以及超强的稳定性，使其成为 iPhone、iPad 和 iPod touch 的强大基础。尽管其他竞争对手一直在努力地追赶，但 iOS 内置的众多技术和功能让 Apple 设备始终保持着遥遥领先的地位。如图 10.2 所示为苹果 Logo。

图 10.2　苹果 Logo

10.2　iOS 6 与 iOS 7 界面风格对比

苹果的 iOS 系统从问世到现在已经走过了很长的一段路，每一次 iOS 系统的演变都会引领当时移动平台的一次革新，并且有许多特性都会很快被其他平台所借鉴。我们先来看看 iPhone OS 到 iOS 9 系统界面的演变，如图 10.3 所示。

图 10.3　iOS 界面的演变发展

北京时间 2013 年 6 月 11 日凌晨 1 点，苹果 WWDC2013 开发者大会召开并正式发布操作系统 iOS 7，它给大家带来了全新的观感界面，给人最直观的变化是，界面设计抛弃了之前一贯坚持的拟物化（skeuomorphism）风格，全面采用时下最走俏的扁平化 UI 设计风格，文字和各种简单的线条图形成为界面的重头戏，并且这种设计还延续到了现在的 iOS 9 中。

iOS 7 在设计规范中强调“避免仿真和拟物化的视觉指引形式”，与“依从用户”原则相符。最能体现这一变化的无疑是 iOS 中的各种图标，如图 10.4 所示。

图 10.4　iOS 图标的演变发展

2015年9月16日零时，苹果正式推送了号称“iOS系统诞生以来最重要的升级”的iOS 9，但其整体界面相比iOS 7并没有太大改变。

那么 iOS 7 较之 iOS 6 到底有哪些具体的变化呢？

（1）弃用拟物化。

iOS 6 模仿质感极其逼真的贵重材质作为图标的底座，如木质、金属和水晶等，并且为每个图标都添加了华丽的高亮和阴影等特效。

iOS 7 一律采用几近于纯色的底座和最简洁的图形来诠释图标，可谓将减法做到了极致。界面对比如图 10.5 所示。

图 10.5　弃用拟物化

（2）操作界面简洁清晰、依从用户。

依从用户：界面设计应该帮助用户对内容进行理解和互动，决不能与内容产生争议。

清晰易读：任何文字和图形都应清晰易读，图标的含义要明确，尽量减少装饰性元素，让用户将目光聚焦于功能本身。

iOS 7 的计算器极大地简化了界面，去掉一切不必要的设计元素，只使用简单的色块清晰地展现出重点功能，完全以内容和功能为中心。界面对比如图 10.6 所示。

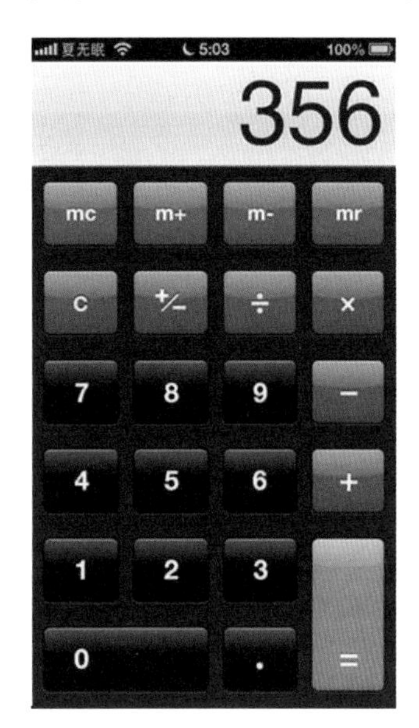

图 10.6　界面简洁清晰

在视网膜屏幕上，按钮的大小应当为60～120像素高，最佳高度为88像素。在极少数情况下，可以为文字内部的链接设定44像素，但使用时要慎重——用户可能很难按得到。即便是纯文字按钮也应该有至少60像素的可点击区域。

（3）去掉按钮的边框。

iOS 6 使用不同形状的边框具有特定意义的图形或标题文字来表示按钮，是比较传统的方法。

iOS 7 的按钮不再有边框和背景，只保留了简单的文字和图形，使得按钮中的标题文字可以使用相对大一些的字体。

界面对比如图 10.7 所示。

图 10.7　去掉边框

（4）导航元素半透明化。

iOS 7 最重要的设计变化之一就是使界面透明化或半透明化。iOS 7 的状态栏能够根据情况以完全透明或半透明的形式呈现，导航栏、标签栏、工具栏和其他一些控件也采用了半透明化的处理方式。当从界面上方或下方拉出快捷键菜单和通知栏时，还可以透过毛玻璃质感的菜单背景隐约看到下方的界面内容。

iOS 6 除了状态栏可以透明或半透明显示之外，其他部分均不采用透明或半透明样式，而是使用一些精美的、拟物质感的高精度图像作为背景。

界面对比如图 10.8 所示。

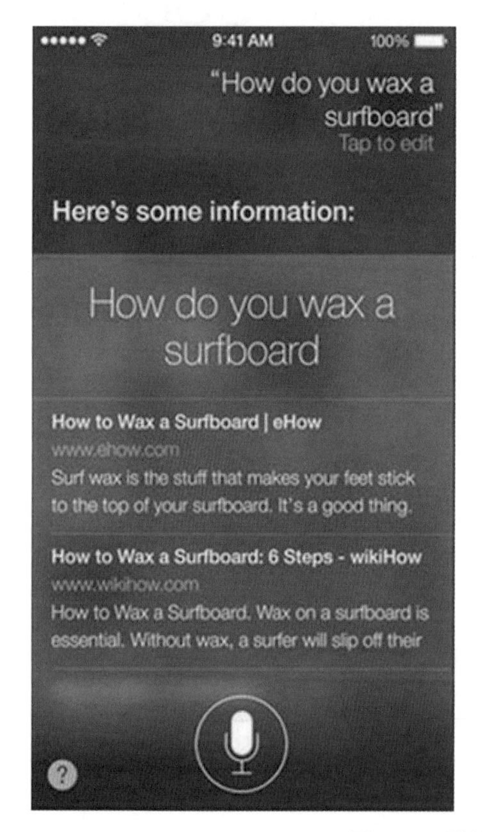

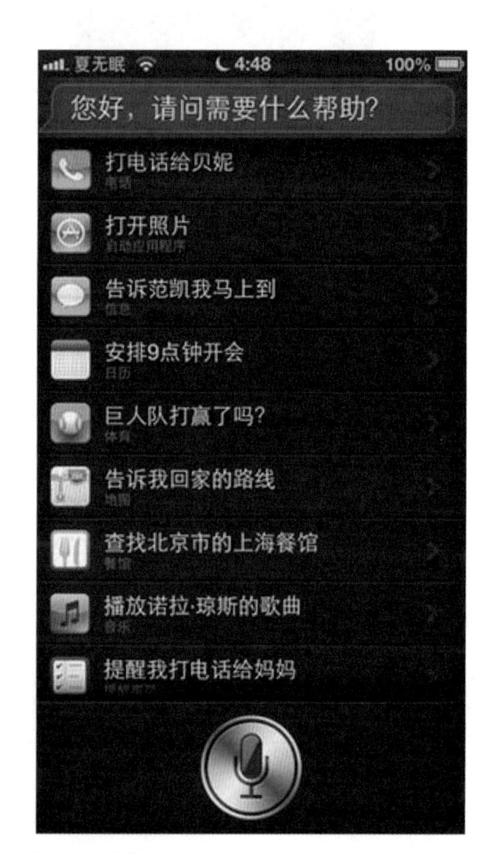

图 10.8　导航元素半透明化

（5）大量留白。

iOS 7 的界面采用简洁清晰的设计，去除一切非必要的装饰性元素，同时也对配色进行了大幅简化，界面中保留了大量的“呼吸”空间来确保可读性和易用性。在官方的设计规范中，苹果公司明确指出希望通过在界面中增加留白来传达平静和稳定的感觉，使应用程序看上去更加专注和高效。

iOS 6 则在界面中添加很多装饰性元素，如边框、线条和各种图形等，并细致刻画每个微小元素的质感，致力于让界面看上去充实而精美。

界面对比如图 10.9 所示。

图 10.9　大量留白

10.3　iOS App 界面设计尺寸规范

10.3.1　界面尺寸及分辨率

➢ iPhone 界面尺寸：320×480 像素、640×960 像素、640×1136 像素、1334×750 像素、2208×1242 像素等。

➢ iPad 界面尺寸：1024×768 像素、2048×1536 像素等。

➢ 分辨率：72 像素。

当然，在设计的时候并不是每个尺寸都要做一套，尺寸可以按自己的手机尺寸来设计，这样比较方便预览效果，一般 iPhone 界面常用尺寸为 1334×750 像素，iPad 界面常用尺寸为 1024×768 像素，如图 10.10 所示。

10.3.2　界面基本组成元素

iOS 的 App 界面主要由状态栏、导航栏、主菜单栏和中间的内容区域 4 个元素组成。

➢ 状态栏：信号、运营商、电量等显示手机状态的区域。

➢ 导航栏：显示当前界面的名称，包含相应的功能或者页面间的跳转按钮。

➢ 内容区域：展示应用提供的相应内容，整个应用中布局变更最为频繁。

➢ 主菜单栏：类似页面的主菜单，提供整个应用的分类内容的快速跳转。

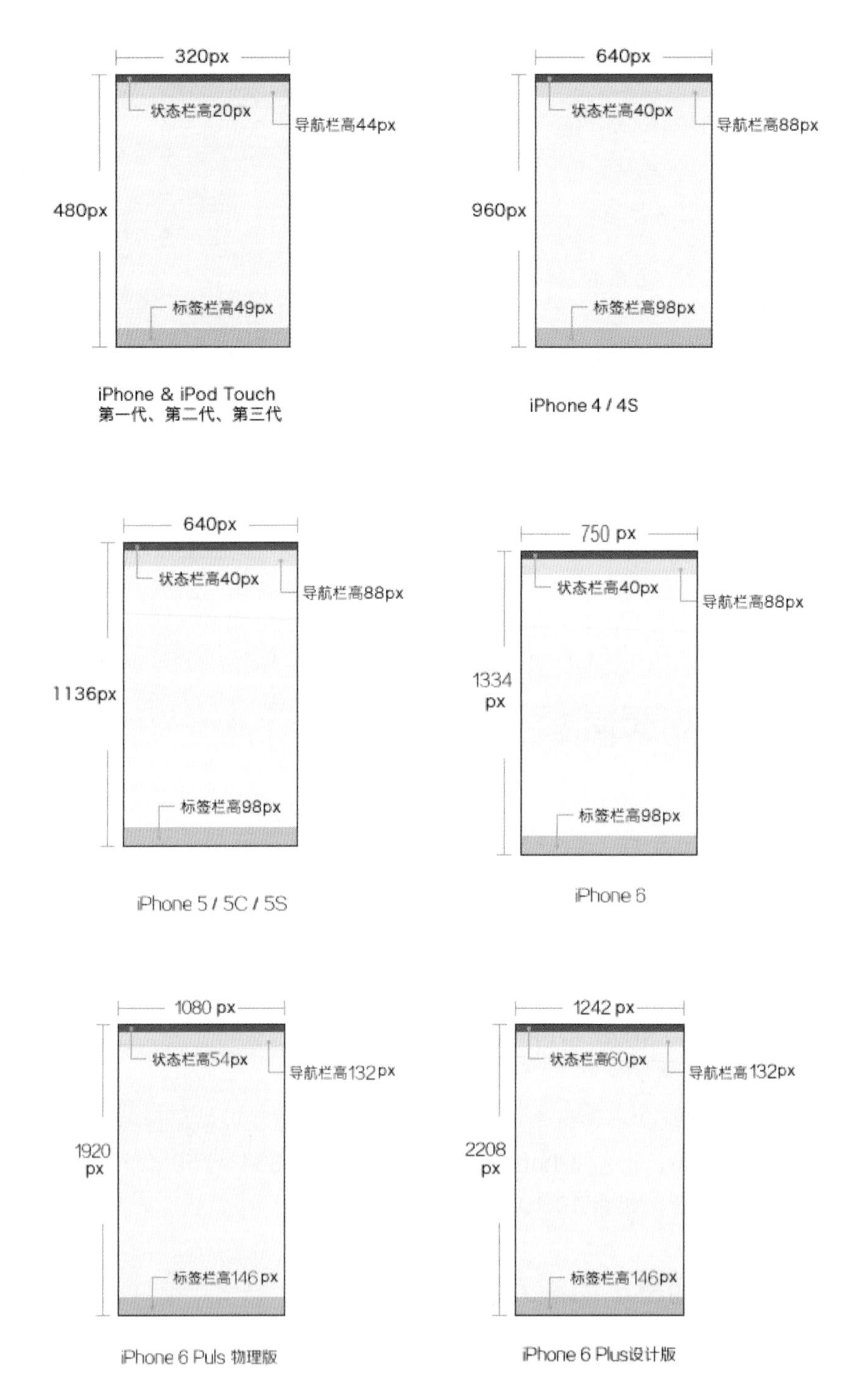

图 10.10　界面基本组成元素尺寸

具体内容可以参见 Android 的 App 界面组成元素，在这里不再细说。

值得注意的是，在 iOS 7 的风格中，已经开始慢慢弱化状态栏的存在，将状态栏和导航栏合并在了一起，但是尺寸高度没有变，如图 10.11 所示。

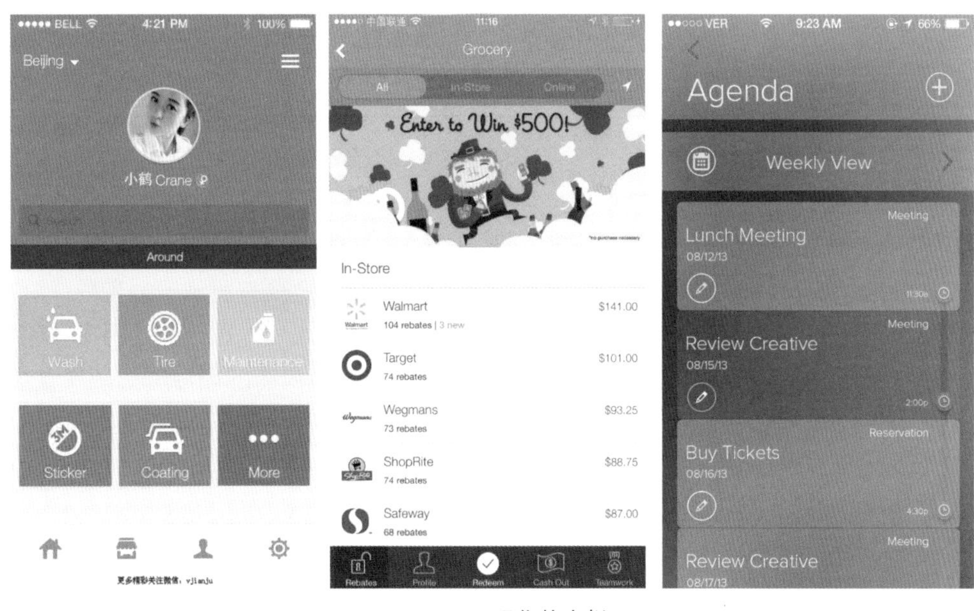

图 10.11 弱化状态栏

10.3.3 字体规范

相信大家都认可 iOS 系统默认自带的字体，其数字、英文及中文字体清新，给人一种舒适感。作为一名优秀的 UI 设计师当然不能错过这些美丽的字体。下面就来了解 iOS 的字体设计规范及具体使用规则。

所有 iOS 版本的默认系统字体都是 Helvetica Neue。中文字体 Mac 下用的是黑体 - 简，Windows 下为华文黑体。从 iOS 7 开始，苹果对字体作了一些轻微的修改，但在设计过程中使用原来的 Helvetica Neue 字体完全没有问题。除了默认的字体，也有许多代替字体可以使用，但要注意授权许可。苹果手机升级到 iOS 9 后，把原来的华文黑体改成了“苹方”的黑体，如图 10.12 所示。

永 永

苹方 华文

图 10.12 字体

华文黑体一个重要的特点是“喇叭口”，所谓喇叭口就是华文黑体的笔画在末端会有一些加粗，看上去就像是以前流行的喇叭裤一样。这是因为在以前印刷精度较低的时候，这种做法可以强化笔画，让文字看起来更清晰。

苹方是一个没有衬线和衬脚的字体，它看起来更加圆润和温和，在现代的高分辨率显示屏上有着出色的显示效果。

iOS 人机界面指南上的具体要求如下：

（1）正文样式在大字号下使用 34px 字体大小左右，最小也不应小于 22px 。

关于字号大小规律，最好找比较好的应用截图，然后量出现有规律直接套用即可。

（2）通常来说，每一档文字大小设置的字体大小和行间距要有所明显的差异。

（3）一款 App 中一般只使用一种或两种字体。

（4）文本尺寸的响应式变化需要优先考虑内容，并不是所有的内容都是同等重要的。当用户选择更大的文本尺寸时，是想要使它们关注的内容更容易阅读。

例如，当用户选择具备更高易用性的文本尺寸时，邮件将会以更大的尺寸显示邮件的主题和内容，而对于那些没那么重要的信息如时间和收件人则采用较小的尺寸，如图 10.13 所示。

一个视觉舒适的手机 UI 界面，字号大小对比要合适，并且各个不同界面大小对比要统一。iOS 7 字号稍微加大，利用颜色和不同的粗细来保持文字的布局和 UI 元素的清晰易懂，如图 10.14 所示。

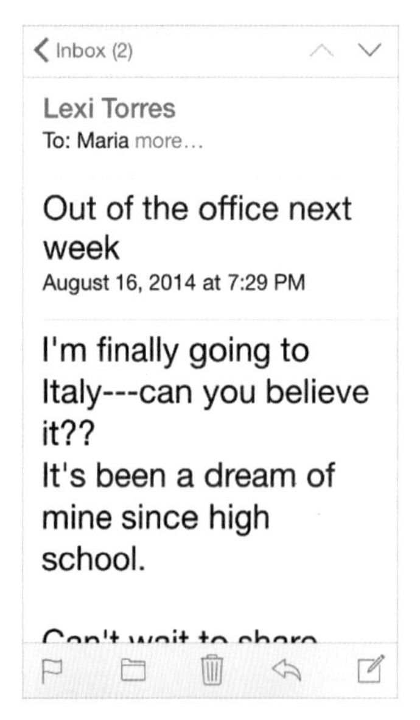

图 10.13　字体规范（1）

Close All Pages?

Lorem ipsum dolor sit amet, consectetuer adipiscing elit. Aenean commodo ligula eget dolor

OK　Cancel

图 10.14　字体规范（2）

字体规格建议尺寸说明如下：

- 导航栏标题：Medium 34px。
- 按钮和表头：Light 34px。
- 表格标签：Regular 28px。
- Tab 页图标标签：Regular 20px。

在实际设计工作中，可以视情况稍加修改，但是一定要保证文字的可识别度。

实战案例

实战案例——制作毛玻璃效果（iOS）界面

案例描述

制作 iOS 的“控制中心”界面，效果图如图 10.15 所示。

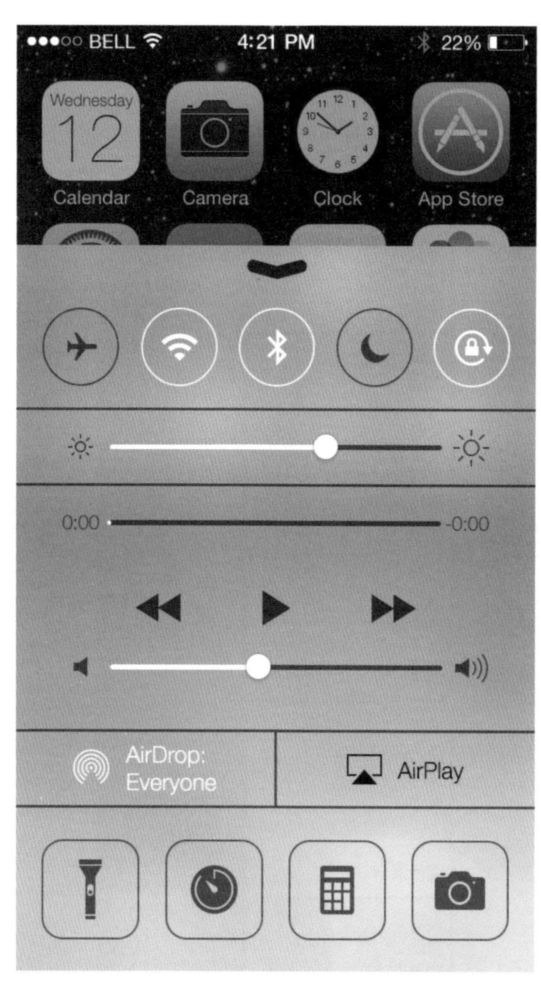

图 10.15　最终效果

案例分析

随着 iOS 7 风格越来越普及，其中的毛玻璃效果很容易出现在我们的设计中。

本案例主要讲解“控制中心”界面的制作过程，其中的图标和文字非常简单，都是由最基本的形状组合而成；为了在半透明的背景上毫无障碍地看清简洁的线条，将用色复杂的主界面进行了高斯模糊，并使用白色进行提亮，使之呈现毛玻璃的质感。

技能要点

- 高斯模糊和仿制图章工具。
- 钢笔工具、形状工具的使用。
- 变形重置、路径操作。

实现步骤

- 对背景图片进行高斯模糊，iOS 7 控制中心的模糊值为 50px 左右。
- 增加图片的饱和度并调整明度。
- 叠加显示在毛玻璃上的深色 UI 元素，采取“线性光”的叠加方式调整不透明度，让其带有背景图片的色彩，如图 10.16 所示。
- 叠加需要突出显示的 UI 元素全部为白色。

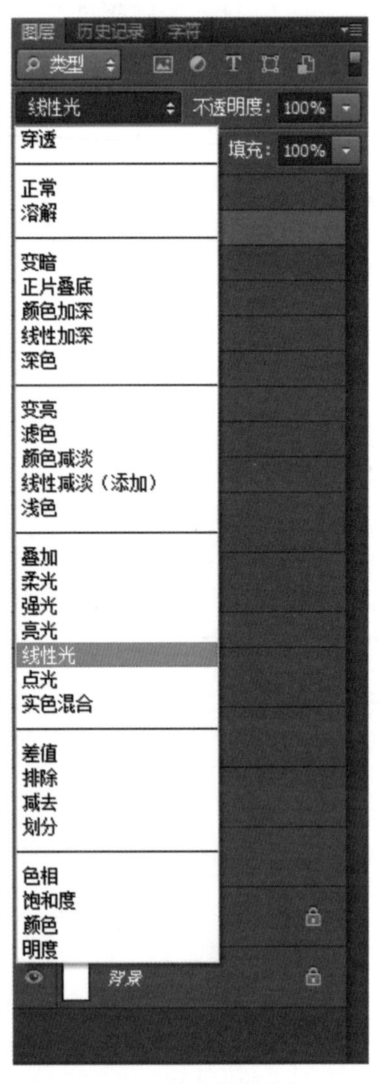

图 10.16　线性光

本章总结

- iOS 是由苹果公司开发的手持设备操作系统。因其精致美观、简单易用的操作界面、数量惊人的应用程序，以及超强的稳定性，它成为 iPhone、iPad 和 iPod touch 的强大基础。
- iPhone 界面尺寸有 320×480 像素、640×960 像素、640×1136 像素、1334×750 像素、2208×1242 像素等，推荐设计尺寸为 1334×750 像素。
- iPad 界面尺寸有 1024×768 像素和 2048×1536 像素，推荐设计尺寸为 1024×768 像素。
- 在 iOS 7 的风格中，慢慢弱化状态栏的存在，将状态栏和导航栏巧妙地合并在了一起，但是尺寸高度没有变。
- iOS 版本的默认系统字体都是 Helvetica Neue。中文字体 Mac 下用的是黑体 - 简，Windows 下为华文黑体。苹果手机升级到 iOS 9 后，把原来的华文黑体改成了“苹方”的黑体。

学习笔记

本章作业

临摹优秀的iOS界面，如图10.17所示。

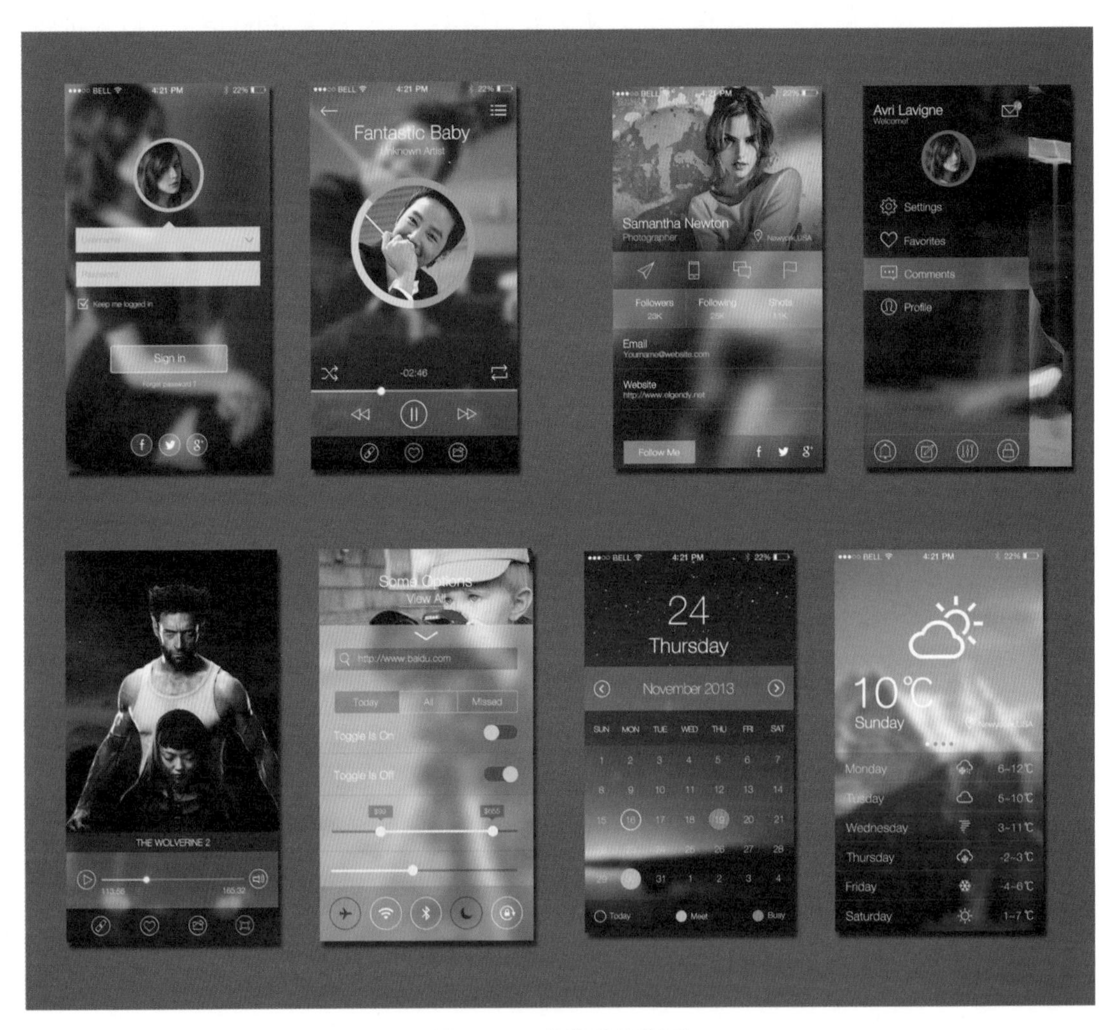

图 10.17　临摹 iOS 界面

作业讨论区

访问课工场 UI/UE 学院：kgc.cn/uiue（教材版块），欢迎在这里提交作业或提出问题，你将有机会跟课工场的专家以及共同学习本书的小伙伴一起探讨切磋！

iOS系统UI设计规范（二）

本章目标

完成本章内容以后，您将：

- 了解iOS App设计技巧。
- 熟悉iOS的配色。
- 掌握原创App界面的方法。

本章素材下载

- 请访问课工场UI/UE学院：kgc.cn/uiue（教材版块）下载本章需要的案例素材。

本章简介

众所周知，iOS 系统根据应用程序的功能将它们大致分为 3 类：工具类、社交类和游戏类。

本章主要通过综合案例的详细演示来说明设计界面时应该规划出各个功能区的大致框架，合理确定画面的主色和辅助色，并刻画细部。这种从整体到局部的刻画方法可以保证整体效果的美观性。

理 论 讲 解

参考视频
iOS 手机界面设计（2）

11.1 iOS App 设计技巧

iOS 整体的品质感大家有目共睹，这源于其背后严格的设计规范，强调以内容为中心，以重点内容和功能为目标来驱动每个细节设计。下面来了解从设计规范中整理到的一些设计技巧。

1. 提升应用功能体验并关注内容本身

（1）减少视觉修饰与拟物化设计，拟物化的面板渐变及阴影使 UI 变得厚重、抢内容，如图 11.1 所示。

图 11.1 减少视觉修饰

（2）限制内容的显示范围，让用户不需要缩放和拖拽即可直接看到完整内容，如图 11.2 所示。

图 11.2　限制内容的显示范围

（3）使用视觉化的重量和平衡向用户展示相关的屏显重要元素，如图 11.3 所示。

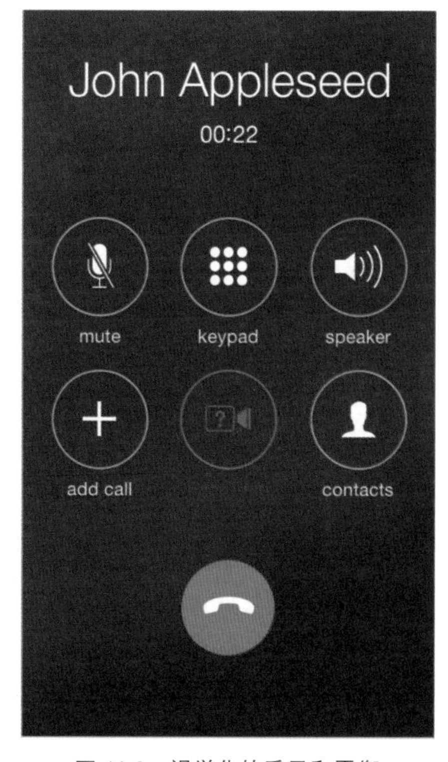

图 11.3　视觉化的重量和平衡

（4）保证应用清晰度，如图 11.4 所示。

Headling

Sub-Headline

Adipiscing elit. Sed neque nisl, blandit vel ipsum eu, imperdiet blandit lectus. Morbi tristique urna ut volutpat ornare. Curabitur semper vitae urna ac tempus. Duis vehicula elit nulla, eleifend egestas nisl vehicula nec. Nullam varius est dui, nec accumsan lectus posuere ut. Nullam viverra purus laoreet euismod tempor.

Adipiscing elit. Sed neque nisl, blandit vel ipsum eu, imperdiet blandit lectus. Morbi tristique urna ut volutpat ornare. Curabitur semper vitae urna ac tempus. Duis vehicula elit nulla, eleifend.

Headling

Sub-Headline

Adipiscing elit. Sed neque nisl, blandit vel ipsum eu, imperdiet blandit lectus. Morbi tristique urna ut volutpat ornare. Curabitur semper vitae urna ac tempus. Duis vehicula elit nulla, eleifend egestas nisl vehicula nec. Nullam varius est dui, nec accumsan lectus posuere ut. Nullam viverra purus laoreet euismod tempor.

Adipiscing elit. Sed neque nisl, blandit vel ipsum eu, imperdiet blandit lectus. Morbi tristique urna ut volutpat ornare. Curabitur semper vitae urna ac tempus. Duis vehicula elit nulla, eleifend

图 11.4　清晰度

2. 提升应用的清晰度

（1）使用大量留白：留白使内容和功能醒目，并传达一种宁静安详的视觉感受，更好地让用户聚焦和高效交互，如图 11.5 所示。

图 11.5　大量留白

（2）用颜色简化 UI，让重点突出并巧妙地表示交互性，如图 11.6 所示。

图 11.6　颜色简化

（3）使用系统字体确保易读性，如图 11.7 所示。

推荐

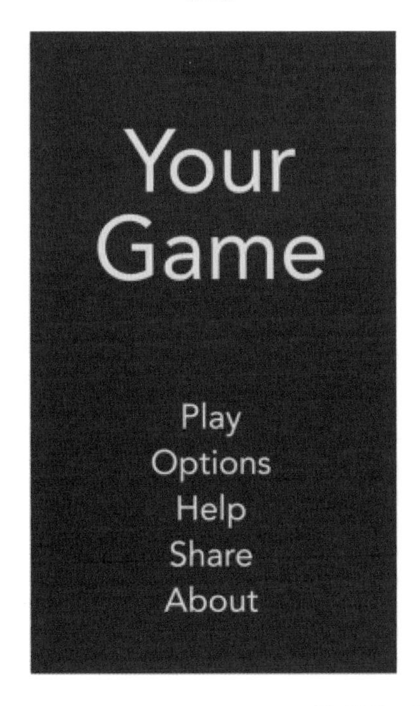

不推荐

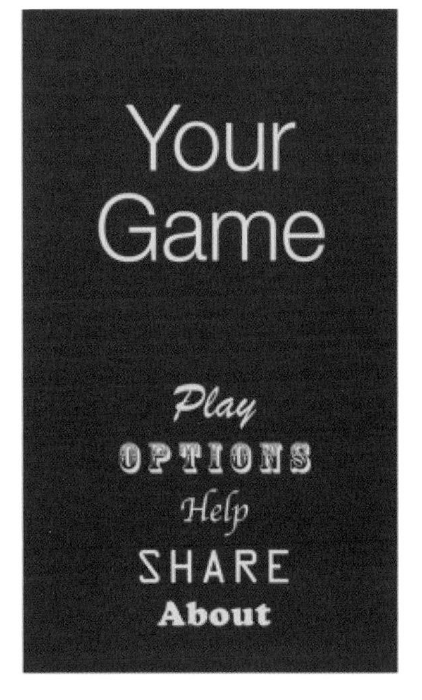

图 11.7　字体易读性

（4）使用无边框的按钮，默认情况下大多数 bar 上的按钮都是无边框的，在内容区域无边框按钮以文案、颜色及操作指引标题来传达按钮功能，按钮激活时高亮，如图 11.8 所示。

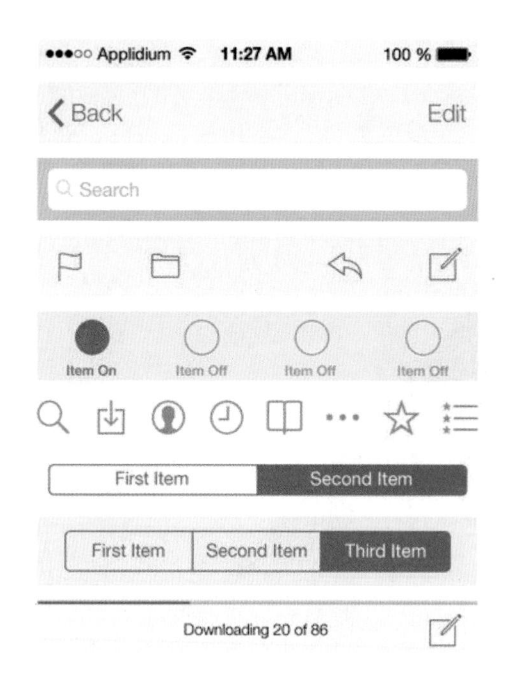

图 11.8　无边框按钮

（5）使用布局来沟通，布局包含的不仅是 UI 外观，更应该告诉用户什么是最重要的、他们的选择是什么，以及事物是如何关联起来的，提升重要内容和功能，让用户容易集中注意力在主要任务上，如图 11.9 所示。

图 11.9　注重布局

3. 使用布局来提升应用的重要内容和功能

（1）上半部分放置主要内容，以从左到右的习惯，从靠左侧的屏幕开始，如图 11.10 所示。

图 11.10　布局示意图

（2）使用对齐来让阅读更舒适，让分组和层次之间更有秩序。

对齐让应用整洁有序，也让用户在专注于屏幕时更有空间，从而专注于重要信息，不同信息组的缩进与对齐让它们之间的关联更清晰，也让用户更容易找到某个控件，如图 11.11 所示。

图 11.11　对齐

（3）给每个互动元素充足的空间，从而让用户容易操作这些内容和控件，如图 11.12 所示。

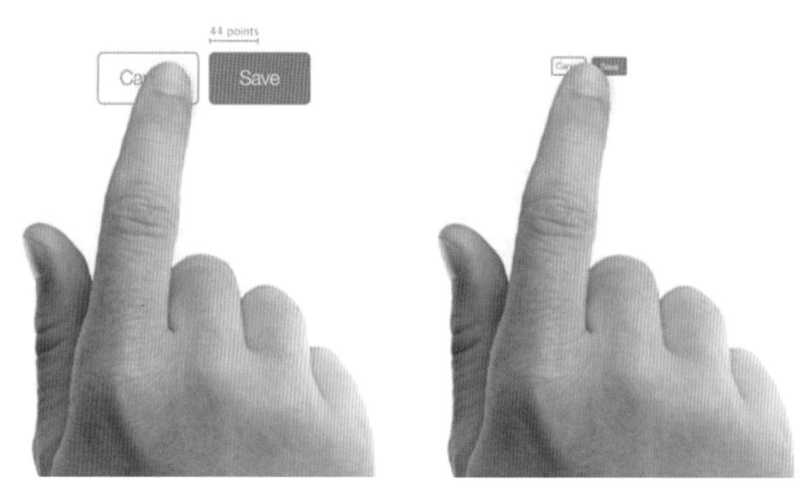

图 11.12　点按类控件

（4）尽量避免 UI 上不一致的表现。

有着相似功能的控件看起来应该相似，用户总是认为他们看到的不同总是有原因的，而且他们倾向于花时间去尝试。

11.2 iOS 的配色

色彩能传递给人不同的视觉心理感受，这是众所周知的。当人们看到黄色、橙色和红色时就会产生温暖的感觉，看到青、绿之类的颜色就会产生清爽感，……

这是因为色彩具有沟通能力，它源自大部分人对同一种颜色相似的认知。值得注意的是，自 iOS 7 起，苹果开始在大多数的系统界面和预装应用上使用明亮的配色，如图 11.13 所示。

图 11.13　色值

（1）考虑定义一种基本色。

内置的应用程序选择使用那些看起来更具个性的、纯粹、干净的颜色，并辅以或亮或暗的背景组合，用来表达元素的交互性和状态，例如天气，如图 11.14 所示。

图 11.14　天气界面

（2）色彩是具有沟通能力的。

对于同一种色彩，每个人的感知都是有区别的。另外在不同的文化当中，颜色被赋予的含义也有所不同，要尽力确保应用当中的色彩可以准确地传达信息。

（3）不要让用户因为色彩而分神。

除非色彩本身就是你应用的根本价值和目的所在，否则它们只应被用来在细节之中增强交互体验。

（4）界面中使用到的有彩色最好不要超过 3 种。

只要确定一个基本色、一个辅助色和一个重点色就可以很轻松地区分各种功能和操作状态。其他部分可以使用黑、白、灰 3 种无彩色进行补充和调和。

这里所说的3种有彩色是针对色相（红橙黄绿青蓝紫）而言的，类似于深棕色和稍浅的棕色这类，在明度和纯度上小幅变化的颜色可以视为一种颜色。

实 战 案 例

实战案例——原创播放器 App 界面

1. 项目背景分析

手机音乐 App 是一个集在线、搜索、下载于一体的音乐播放软件。

（1）界面干扰因素不宜过多，如图 11.15 所示。

图 11.15　干扰因素

（2）考虑用户的使用体验。用户在使用其他音乐 App 时积累了大量的使用经验并养成了一定的使用习惯，所以不要设计出太过奇葩的交互操作，如图 11.16 所示。

图 11.16　借鉴

（3）原型图设计：设计制作 App 界面，简单地说就像建造房子，有清楚的平面图纸才能添砖加瓦。原型图对应用的功能需求有清晰的把握，如图 11.17 所示。

2. 色彩运用

配色时需要注意以下几个方面：

（1）确定风格。

（2）整体色调。

（3）按钮色彩。

（4）图标色彩。

（5）强调图形。

整体色调如图 11.18 所示。

图 11.17　原型图

图 11.18　整体色调

3. 制作过程中的注意事项

（1）确定图标。

功能图标是用以表达某一操作或功能示意的图形，应尽可能的形象、简洁，以准确表达其代表的功能。以最常用的table栏的图标设计为例，最常用的设计方法为字面表意联想，如图 11.19 所示。

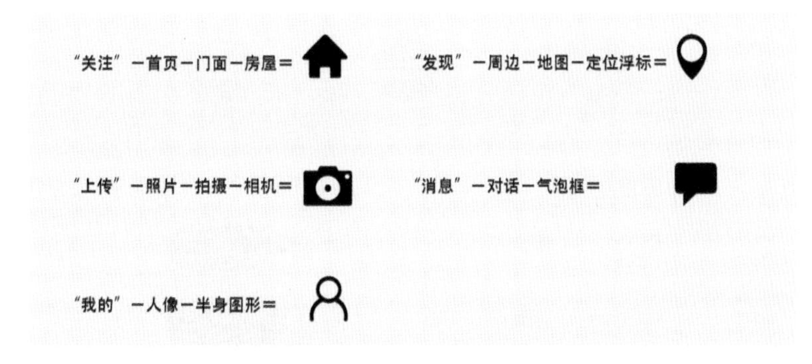

图 11.19　table 栏图标

状态栏的图标（如电量及信号）不必自己设计，可以直接下载使用。

（2）界面尺寸规范。

- 640×960 像素：iPhone 4 时代的尺寸，最开始用这个尺寸设计，是拟物的时代。
- 640×1136 像素：iPhone 5/5S/5C，与时俱进，进入了扁平化时代。
- 750×1334 像素：iPhone 6 的设计尺寸，向下可以适配 iPhone 4、iPhone 5，向上可以适配 iPhone 6 plus，上下都能照顾到。

4. 界面视觉整体优化

正所谓“人靠衣装，佛靠金装”，利用各种想法和资源让界面更加高大上，没有友好美观的界面展示难以得到用户的“垂青”。

（1）文字、颜色、图标大小等，整体对齐、统一规范。

（2）交互细节、交互操作要符合用户操作习惯。

最终效果如图 11.20 所示。

图 11.20　最终效果

本 章 总 结

- iOS App 设计技巧：提升应用功能体验并关注内容本身；提升应用的清晰度；使用布局来提升应用重要内容和功能。
- 界面上半部分放置主要内容，以从左到右的习惯，从靠左侧的屏幕开始。
- 自 iOS 7 起，苹果开始在大多数的系统界面和预装应用上使用明亮的配色。
- 内置的应用程序选择使用那些看起来更具个性的、纯粹、干净的颜色，并辅以或亮或暗的背景组合，用来表达元素的交互性和状态。
- 界面中使用到的有彩色最好不要超过 3 种。只要确定一个基本色、一个辅助色和一个重点色就可以很轻松地区分各种功能和操作状态。其他部分可以使用黑、白、灰 3 种无彩色进行补充和调和。

学习笔记

本章作业

原创一组iOS App界面，要求：

（1）内容为王。

（2）颜色及布局合理。

（3）符合用户体验。

作业讨论区

访问课工场 UI/UE 学院：kgc.cn/uiue（教材版块），欢迎在这里提交作业或提出问题，你将有机会跟课工场的专家以及共同学习本书的小伙伴一起探讨切磋！

综合项目——休闲娱乐类App设计

本章目标

完成本章内容以后，您将：

- 掌握App界面设计的相关理论。
- 了解“生活帮帮帮”休闲娱乐类项目的相关需求。
- 掌握休闲生活类手机App的界面设计实现思路。

本章素材下载

- 请访问课工场UI/UE学院：kgc.cn/uiue（教材版块）下载本章需要的案例素材。

本章简介

前面 11 章我们详细地学习了不同风格下图标和界面的设计与制作方法，并且对各应用系统的规范有系统的了解。在实际工作中，要把这些知识贯穿起来并灵活运用才能够设计出精美的 App 界面。本章将真正着手设计和制作一套商用的休闲生活类 App 界面。通过该项目案例的设计和制作把之前学过的知识点综合运用到一起，以达到复习和提高实际设计能力的目的。完成效果如图 12.1 所示。

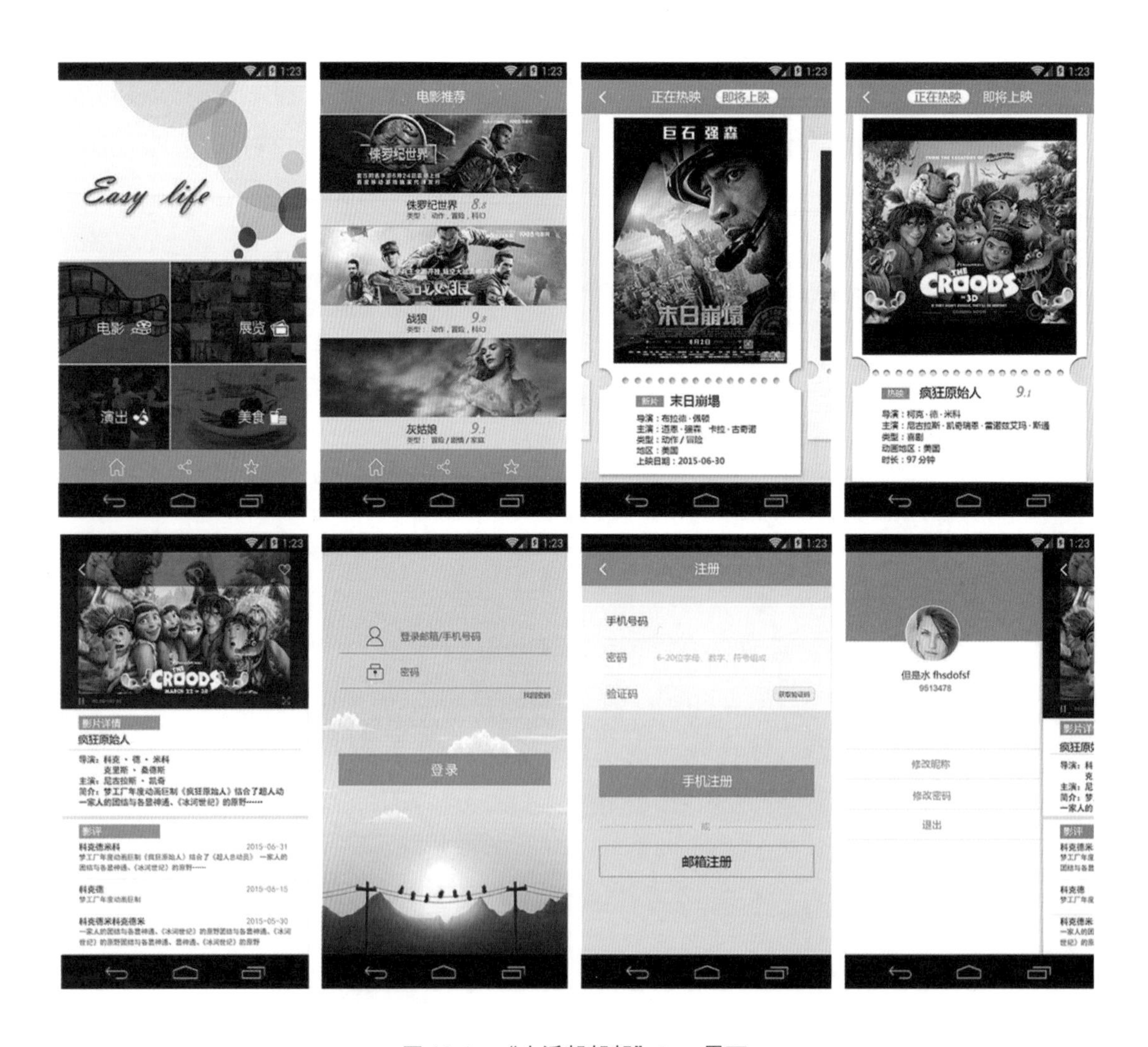

图 12.1 “生活帮帮帮”App 界面

项 目 实 战

12.1 设计制作 Android 应用程序“生活帮帮帮”App 界面

12.1.1 理论概要

移动 App 无处不在，我们的手机里面装了形形色色的 App，但是有很多 App 在设计方面做得并不够好，体验也不是很完美。相同类型或相同功能的 App 同质化严重，几乎都是一个模子里刻出来的，无论是功能还是界面几乎没有什么差异。那么，在智能手机迅猛发展的时代，如何设计一款令人眼前一亮的 App 呢?

1. 要知道自己所制作的 App 属于哪种类型

（1）应用型：此类应用一眼便知其核心功能，简单的流程和布局、扁平化的信息层级，不需要逐级深入，比如导航、天气、地图等 App 都是属于应用型 App，如图 12.2 所示。

图 12.2　天气界面

（2）沉浸型：此类应用聚焦内容和个性化体验，界面大都占据整个屏幕，最常见的沉浸型 App 有游戏、影视、阅读等，如图 12.3 所示。

图 12.3　游戏界面

（3）效率型：此类应用能够完成对具体信息的组织与处理，通过层次划分来管理信息，设置快捷键进行操作，包括社交应用和新闻应用，如图 12.4 所示。

图 12.4　新闻界面

不同类型的 App 需要不同的体验设计，同时屏幕的大小、分辨率、多点触控、显示器、兼容性、支持手势、横竖屏、合理的反馈等因素也会影响体验设计。

2. 从设计师的角度来分析

（1）要拥有自己的 App 设计理念。由于移动设备界面尺寸较小，控件占据的实际面积紧张，App 在界面设计上应尽量保持简洁，让信息一目了然，不隐晦、不误导，如图 12.5 所示。

图 12.5　界面简洁

（2）设计有特色的、与众不同的 App。设计创意独一无二，用户喜欢新的东西，如果你设计的 App 过于陈旧，则很难让用户对你的设计留下印象，如图 12.6 所示。

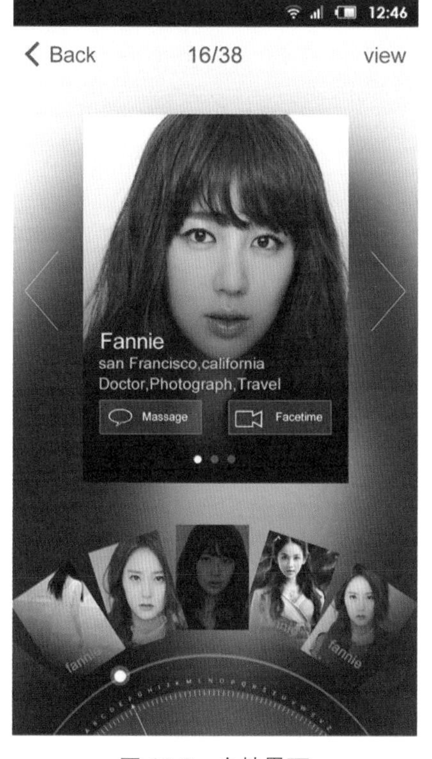

图 12.6　个性界面

（3）把握好应用需求，确认核心功能。定位 App 应用软件，对各种需求进行汇总和讨论，模拟出设计初稿，如图 12.7 所示。

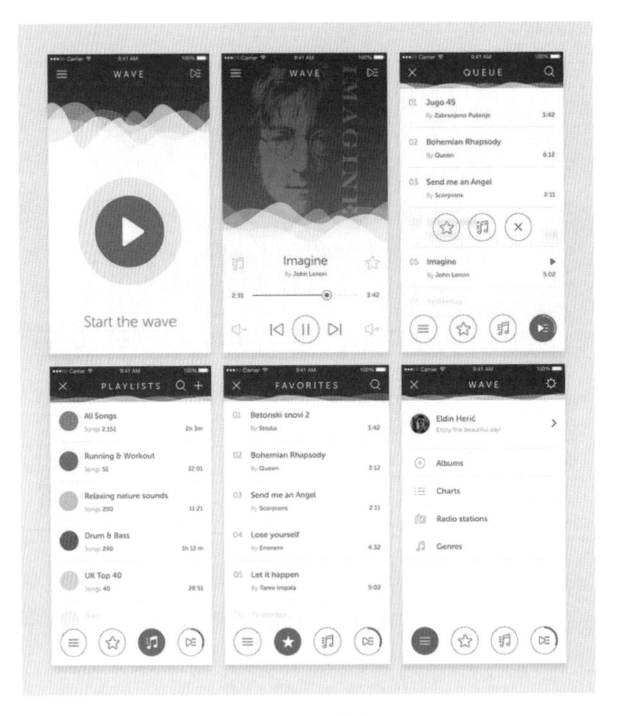

图 12.7　功能界面

（4）通过低保真原型和高保真原型完成视觉设计。App 应用设计提倡有质感、有仿真度的图形界面，尽量接近用户熟悉或者喜欢的风格，如图 12.8 所示。

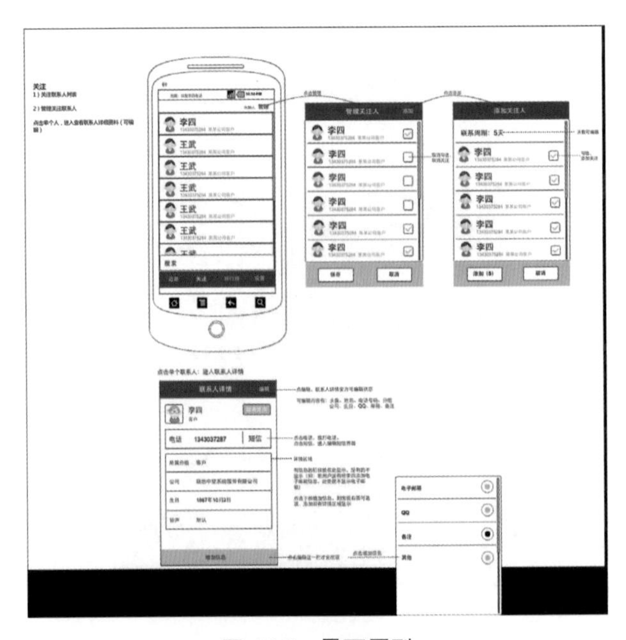

图 12.8　界面原型

在实际设计过程中，可以多举行交流会，目的是不要过于沉浸在自己的设计里，还要多从项目需求、主要用户的使用习惯出发，多学习和多欣赏相关竞品App的界面、布局和功能。

12.1.2 项目思路分析

微信之父张小龙曾经说过："要把复杂的功能做成一个简单的产品，让用户用起来觉得很简单。"那么如何做成一个简单的移动 App 产品呢？首先你的 App 设计流程应该是简单的：产品需求 → 设计效果 → 视觉设计规范 → 高保真界面设计 → 切图 → 开发。

App 的设计细节较多，精确到像素，所以在多人参与的项目中，需要设计师在设计效果确定之后第一时间确立视觉设计规范，这样才能保证多人共同设计时保持界面的统一性和完整性，同时避免同一个功能多种样式，避免重复劳动和不必要的返工。

（1）风格定位。

定好风格：可以根据产品需求从竞品中找到几个合适的参考。

（2）主色调和辅助色定位。

比如同样是团购，糯米用的是桃红色，美团用的是绿色。在考虑到产品气质和品牌色的同时，还要考虑配合衬托产品主色调的辅助色。

（3）图标风格定位。

是使用圆角图标还是直角图标，是使用面还是线形来表现，这些都是需要设计师来考虑的。

图标过大会过多占用界面空间，过小又会降低精细度，具体应该使用多大尺寸的图标常常根据界面的需求而定。

（4）引导页和启动页的设计。

在一些细节页面要考虑情感化设计，以此来提升 App 的品质，降低用户在异常情况下的挫败感。同时还要考虑如何引导用户去解决，从而满足产品诉求。

（5）动效实现。

因为手机交互是动态的，可以在一些跳转页面上引用动效设计，好的动效能体现出一个设计师的水平，同时也能提升这个 App 设计的档次，是为整个 App 加分的好办法。

12.2 Android 应用程序项目案例——“生活帮帮帮”项目需求概述

“生活帮帮帮”是一个休闲生活类的手机应用。该应用通过服务器向用户推荐电影、美食、展览、演出等相关生活、娱乐信息，同时支持用户对推荐的电影、美食展览、演出等进行评论，并以短信的形式向好友发送相关推荐信息，与此同时还可以电话订票并且在地图上查看活动位置、查找乘车路线等。

12.2.1 项目名称

“生活帮帮帮”休闲生活 App。

12.2.2 项目背景

随着智能手机的普及，人们已经习惯使用 App 终端进行上网、浏览信息、办理业务等日常化操作，App 不仅仅是一种应用程序终端，它已经悄然成为了人们的一种生活方式，影响着我们每天的生活。

“生活帮帮帮”是一个休闲生活类的 Android 应用程序。使用“生活帮帮帮”可以查询用户所在城市近期和即将上映的电影、近期举办的展览和演出、推荐的美食等，还可以把自己感兴趣的信息推荐给好友。

12.2.3 目标用户

智能手机用户群。

12.2.4 主要功能

1. 程序主界面

功能描述：进入程序后，首先进入程序的主界面，在主界面中可以选择进入活动、推荐、收藏、更多功能界面。

程序主界面显示 4 个按钮：活动、推荐、收藏、更多，点击各按钮跳转到相应的界面。在程序主界面中默认显示活动界面，如图 12.9 所示。

在活动界面中有 4 个选项：看电影、找美食、看展览和看演出。点击任一项可以进入查看对应活动的推荐信息。活动的推荐信息以表格显示，表格为两行两列，点击表格中的任一项进入到相应的活动详情界面。在活动详情界面中可以查看活动的详细信息、查看网友评论、对活动进行评论、推荐活动给好友、收藏活动等。

2. 看电影界面

功能描述：看电影界面列表显示“正在热映”和“即将上映”的电影信息，点击列表中的任意一项进入到电影详情界面。电影列表采用分页显示，点击列表下方的“查看更多”按钮可以加载更多的电影信息，如图 12.10 所示。

图 12.9　主界面

图 12.10　看电影界面

3. 电影详情界面

功能描述：电影详情界面显示电影的名称、类型、主演、上映时间、时长、电影介绍、评论等信息。电影介绍和评论信息默认隐藏，点击三角按钮显示信息。在屏幕底部有 5 个按钮：上一个、评论、分享、收藏、下一个。点击“上一个”和“下一个”按钮可以逐一浏览电影信息；点击“评论”按钮进入评论界面，可以对电影进行评论；点击“分享”按钮进入分享界面，点击“收藏”按钮可以收藏电影信息，如图 12.11 所示。

4. 收藏界面

功能描述：收藏界面以列表的形式显示用户收藏的活动信息，点击列表的任意一项可以查看收藏活动的详情，如图 12.12 所示。

图 12.11　电影详情界面

图 12.12　收藏界面

12.3 “生活帮帮帮”界面设计实现思路

12.3.1 内容优先，合理布局

对于手机而言，屏幕空间资源显得非常珍贵，为了提升屏幕空间的利用率，界面布局应以内容为核心，而提供符合用户期望的内容是移动应用获得成功的关键。

好的 App 界面视觉设计能够非常明确地传达这个 App 的主旨，在第一时间清晰明了地向用户阐述该 App 的核心功能。产品必须是一个完整的整体，其设计必须是由内而外的统一、协调。所以色彩、图形、布局等的选择必须与 App 的功能、情感相呼应，能及时传达 App 的设计理念。

设计界面时，首先应该对界面的分辨率、尺寸以及各个元素的尺寸有明确的认知，然后合理地确定画面的主色调和辅助色。制作时应该规划出各个功能区的大致框架，然后再逐渐刻画细部。这种从整体到局部的刻画方法可以保证整体效果的美观性。

12.3.2　界面的绘制和构建

文档建立之初就设置好参考线是一个很好的工作习惯。上下的参考线很容易设置，有具体的数值作为参考；左右的参考线可以按照个人的设计习惯或是视觉上的需要进行调整，如图 12.13 所示。

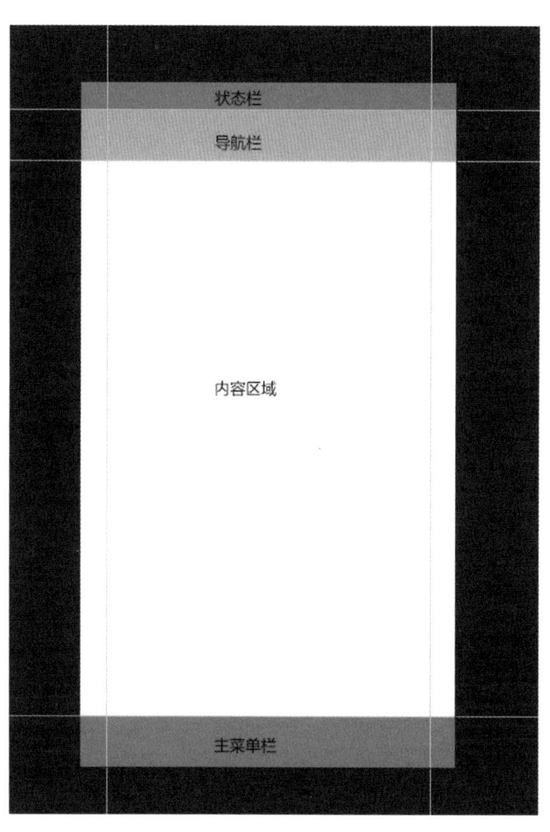

图 12.13　界面的构建

12.3.3　功能架构

一个完整的 App 界面包括状态栏、导航栏、主菜单栏和中间的内容区域。

（1）状态栏：主要显示信号、运营商、电量等，不用去绘制，可以直接挪用已经设计好的素材来代替。例如可以到 App 设计模板当中去获取。

（2）导航栏：布局一般为左边放置图标，中间为主题文字，右边提供 App 中用户最关心的功能入口。从这里开始，我们要高效率地使用 Photoshop 中的矩形工具，如图 12.14 所示。

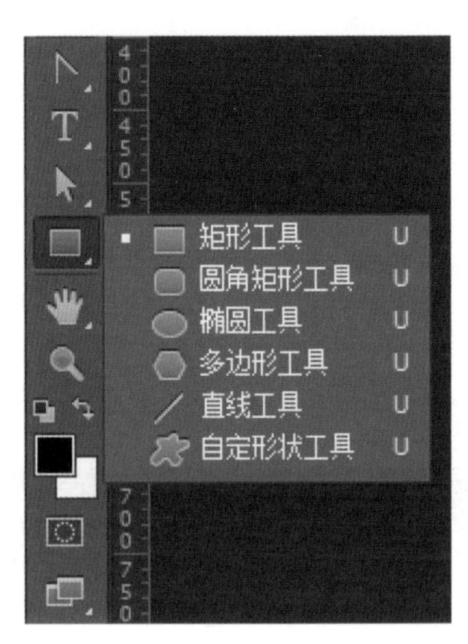

图 12.14　矩形工具

（3）内容区域：可以先绘制主体框架，再绘制里边的细节模块，也就是要遵循从整体布局到分模块设计的设计理念进行绘制。

作为一名设计新手，可以先临摹好的App设计效果图，要找准所需要的同行或类似的App临摹。

（4）主菜单栏：主菜单栏的 UI 组成也很简单，划分区域，每块区域是图形 + 文字的组合，也可以只有图形或只有文字，如图 12.15 至图 12.17 所示。

图 12.15　主菜单栏（1）

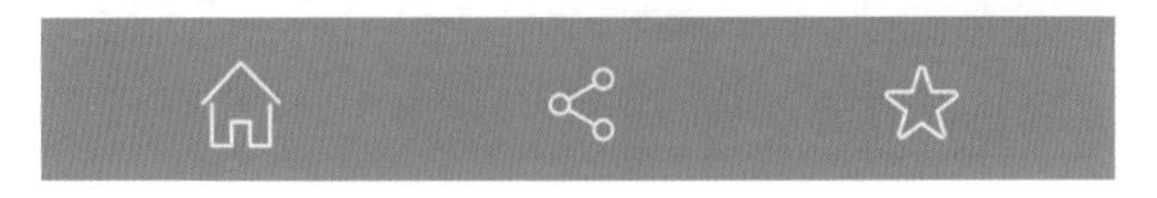

图 12.16　主菜单栏（2）

今天　　日历　　收件箱

图 12.17　主菜单栏（3）

12.3.4　色彩运用

界面以蓝色为主色调，体现了生命力和互动的娱乐因素，符合年轻人的心态。但是过于偏冷会给人一种压抑感，此时需要一些暖色系来冲淡冰冷的感觉，所以辅助色采用了橙色，冲淡了蓝色偏冷的感觉，缓解了冷色对视觉的压抑感，使整个界面视觉上更加柔和。

12.3.5 技能要点

- 使用参考线来准确划分界面结构。每个界面都分很多子模块，模块间的水平或垂直对齐主要依靠参考线进行。
- 合理使用图层和图层组，使图层结构清晰。根据界面模块的不同，把同一模块位置的元素整理到同一图层文件夹中，避免文件混乱。
- 注意界面的合理用色和颜色间的搭配。用色分为主色、辅助色、点睛色。若颜色搭配不合理，整个界面的效果就会大打折扣。尤其要注意冷暖色系的配比以及点睛色的缓冲作用。
- 界面的两大元素是图形和文字，注意图形在界面中的位置，确保文字排版的清晰可读性，合理地抓住主次关系。

12.3.6 设计前的注意事项

设计前务必要跟产品经理及开发团队沟通以下细节：

- 要做几个平台、Android 还是 iOS、最大尺寸是多少。
- 明确目标用户，确定设计风格。
- 具体的切图方式，是否采用 .9 切图。
- 开发前参加该项目的需求评审，明确页面与页面之间的跳转逻辑。

本章总结

- 通过对“生活帮帮帮”休闲生活 App 的设计更加熟练地使用之前学过的技巧。深入了解了使用参考线来准确划分界面结构；合理使用图层和图层组，使图层结构清晰；注意合理用色和颜色之间的搭配使界面在视觉上更美观；注意图形和文字设置在界面中的作用，对所学的知识融会贯通、学以致用。
- 在界面设计的时候，要分析界面的主题内容，选择符合主题表现形式的布局，采用搭配合理的色彩表现主题的风格，加上细心的构思和新颖的创意，必然可以设计出优秀的移动端 App 界面。

学习笔记